复Monge-Ampère方程的几类边值问题

向 妮 著

科 学 出 版 社

北 京

内 容 简 介

本书分为五部分共五章: 第一部分介绍复 Monge-Ampère 方程的研究背景以及本书中所涉及的多复变和偏微分方程相关的预备知识; 第二部分回顾复 Monge-Ampère 方程 Dirichlet 边值问题的研究历史; 第三部分介绍关于复 Monge-Ampère 方程与 Hessian 型方程 Neumann 边值问题梯度估计的研究成果; 第四部分介绍关于复 Monge-Ampère 方程边界爆破问题的相关研究成果; 第五部分介绍在复 Hessian 方程边界爆破问题的研究结论.

本书可以作为从事完全非线性偏微分方程的科研人员的参考用书, 也可作为完全非线性偏微分方程领域研究生的参考用书.

图书在版编目(CIP)数据

复 Monge-Ampère 方程的几类边值问题/向妮著. —北京:科学出版社, 2016.12

ISBN 978-7-03-051189-8

I.①复… II.①向… III.①蒙日–安培方程–边值问题–研究 IV. ①O175.26

中国版本图书馆 CIP 数据核字(2016)第 321181 号

责任编辑: 李静科 / 责任校对: 张凤琴
责任印制: 张 伟 / 封面设计: 陈 敬

科 学 出 版 社 出版
北京东黄城根北街 16 号
邮政编码: 100717
http://www.sciencep.com

北京凌奇印刷有限责任公司 印刷

科学出版社发行 各地新华书店经销

*

2016 年 12 月第 一 版 开本: 720×1000 B5
2019 年 1 月第三次印刷 印张: 8 3/4
字数: 130 000

定价: 58.00 元

(如有印装质量问题, 我社负责调换)

前　　言

复 Monge-Ampère 方程源于多重位势理论、Calabi 猜想、最优运输、几何光学、超弦理论等问题. 由于在流体动力学、统计物理、数字图像处理、经济学、气象学和宇宙学等领域的重要应用, 该方程受到了人们的广泛关注. 复 Monge-Ampère 方程解的存在性、唯一性和正则性是复 Monge-Ampère 方程极其重要的性质, 深入研究该类方程解的性质可以进一步了解上述问题, 也可以丰富完全非线性偏微分方程理论.

在复分析中, 一个主要的问题就是在双同态映射下对区域进行分类, 在单复变研究中, Riemann 映射定理起了重要作用, 多复变中区域的分类问题变得更加复杂. Fefferman 映射问题与多复变中的区域分类关联很深. 1974 年, Fefferman 证明了 Fefferman 映射问题对于两个光滑有界严格拟凸域是成立的. 而复 Monge-Ampère 方程的边值问题与 Fefferman 映射问题紧密联系.

经典的复 Monge-Ampère 方程是一类典型的椭圆型完全非线性偏微分方程, 形如

$$\mathrm{MA}(u) := \det\left(\frac{\partial^2 u}{\partial z_j \partial \overline{z_k}}\right) = f, \tag{0.1}$$

其中 u 是 $\mathbf{C}^n$ 中开集 Ω 上多重下调和函数 (简记为 PSH), $f > 0$. 1976 年, E. Bedford 与 B. A. Taylor[8] 在 P. Lelong[75] 关于多重下调和函数正流定义的基础上, 证明了当 $u \in \mathrm{PSH} \cap L^\infty_{\mathrm{loc}}$ 时, 弱形式的复 Monge-Ampère 算子 $(dd^c u)^n$ 定义是合理的, 得到当复 Monge-Ampère 算子作

用于 $\mathbf{C}^2$ 光滑多重下调和函数时, 有

$$\mathrm{MA}(u) := 4^n n! \det\left(\frac{\partial^2 u}{\partial z_j \partial \overline{z_k}}\right) = (dd^c u)^n, \tag{0.2}$$

并且得到连续解的存在性和唯一性等. 1982 年, E. Bedford 与 B. A. Taylor 在文献 [11] 中将复 Monge-Ampère 算子引入多重位势理论中, 推动了多重位势理论的发展. 他们指出复 Monge-Ampère 算子在多重位势中的地位犹如在经典位势理论研究中 Laplace 算子所起的作用. 这一新理论的提出加深了我们对多重下调和函数的理解, 带动了极值函数、多项式逼近以及复动力系统理论的研究. E. Bedford 在 1993 年的综述报告[50]中对多重位势理论作了全面系统的阐述. 我们也可以参看 M. Klimek 的著作 [64].

复 Monge-Ampère 方程还来源于复几何中的 Calabi 猜想. E. Calabi 断言当紧 Kähler 流形的第一陈类非负时, 任给一个第一陈类的代表必存在一 Kähler 度量使得其 Ricci 式等于此陈类代表, 同时他进一步猜想 Einstein-Kähler 度量的存在性. 郑绍远与丘成桐把对猜想的证明归结为解决复 Monge-Ampère 方程. T. Aubin 在文献 [4] 中与丘成桐在文献 [129] 中分别证明了当假设条件适当光滑时猜想的真实性. 1980 年, 郑绍远与丘成桐在文献 [37] 中解决了实 Monge-Ampère 方程的 Dirichlet 边值问题并构造出非紧复流形上的 Einstein-Kähler 度量和 Ricci 平坦度量. 丘成桐与郑绍远以及其他一些作者 (如 E. Calabi, L. Nirenberg, A. V. Pogorelov 等) 主要采用偏微分方程中连续性方法以及先验估计的技巧从方程的角度来研究 Monge-Ampère 方程解的存在性和正则性.

与此同时, J. P. Demailly 与 L. Lempert 在复 Monge-Ampère 方程的研究方面也做了许多重要工作. Demailly (参看文献 [39]—[43]) 利用复 Monge-Ampère 算子以及丘成桐在文献 [129] 中的结论证明了代数几何

中的许多定理. Lempert 在文献 [77] 中主要研究凸域上 Monge-Ampère 方程的奇异性, 他的研究成果主要应用于复分析领域.

近年来, 随着复 Monge-Ampère 方程 [13, 14, 27, 38, 89] 相关理论被逐步完善, 同时广泛应用于复几何、共形几何以及最优运输问题, 复 Monge-Ampère 方程的研究取得了很大进展. 在复几何中, 从丘成桐解决 Calabi 猜想、郑绍远与丘成桐[36, 37] 关于有界拟凸域上存在典则的完备 Einstein-Kähler 度量问题, 到田刚[107] 关于 Einstein-Kähler 度量的工作, 以及肖荫堂、Demailly 和 Donaldson 在代数几何中的一些重要问题的研究都成功运用了复 Monge-Ampère 方程的理论. 2002 年和 2006 年两届国际数学家大会上, L. Caffarelli、李岩岩、田刚、N. S. Trudinger、汪徐家、张圣容等都涉及 Monge-Ampère 方程的研究和应用.

本书分为五部分共五章: 第一部分介绍复 Monge-Ampère 方程的研究背景以及本书中所涉及的多复变和偏微分方程相关的预备知识; 第二部分回顾复 Monge-Ampère 方程 Dirichlet 边值问题的研究历史; 第三部分介绍关于复 Monge-Ampère 方程与 Hessian 型方程 Neumann 边值问题梯度估计的研究成果; 第四部分介绍关于复 Monge-Ampère 方程边界爆破问题的相关研究成果; 第五部分介绍在复 Hessian 方程边界爆破问题的研究结论.

当代自然科学日新月异, 新的研究成果层出不穷, 限于作者能力, 书中难免有不妥之处, 谨请同行和读者不吝指正. 作者希望本书能对完全非线性领域的研究生和相关领域的科研人员有所帮助和裨益.

向　妮

2016 年 10 月 10 日

目　　录

第1章 基础理论

1.1 研究背景

复 Monge-Ampère 方程与实 Monge-Ampère 方程紧密相关, 在研究实方程的过程中采用的很多方法可以推广到复的情形. 实 Monge-Ampère 方程主要来源于各类几何问题, 如等距嵌入、Minkowski 问题、预定 Gauss 曲率问题等. 该方程受到数学工作者的广泛关注和研究. 尤其是在 Dirichlet 边值问题方面:

$$\begin{cases} \det\left(\dfrac{\partial^2 u}{\partial x_i \partial x_j}\right) = f(x, u, Du), & \text{在 } \Omega \text{ 内}, \\ u = \phi(x), & \text{在 } \partial\Omega \text{上}. \end{cases} \tag{1.1}$$

20 世纪 70 年代, Pogorelov 发表了三篇重要论文[96−98] 和一本著作[99], 系统地阐述了如何证明解的内部正则性, 其中在处理区域内的任意紧集上解的三阶导数估计时采用了 E. Calabi[17] 的证明思想. 1974 年, E. Calabi 和 L. Nirenberg 获得了直到边界的三阶导数估计, 并利用连续性方法得到了光滑解的存在性, 其中部分结论发表在会议文献 [93] 中. 遗憾的是, 后来他们发现在证明过程中, 对于边界附近的三阶导数估计并不完善, 仅仅能得到单边的三阶导数估计. 与此同时, 郑绍远和丘成桐[34, 35] 也对 Monge-Ampère 方程的 Dirichlet 边值问题展开了研究, 他们采用在球面上求解 Minkowski 问题的方法, 证明了 Lip $(\overline{\Omega}) \cap C^{\infty}(\Omega)$ 解的存在性. 更进一步地, 在文献 [36] 中, 他们利用偏微分方程的技巧给出了更为直接的证明. 在此之后, P. L. Lions[85, 87] 在不依赖于方程的前提下, 利用 Penalty 方法独立地证明了解的存在性, 并且将结论推广到了更一般的方程.

1983 年, L. Cafferelli, L. Nirenberg, J. Spruck 撰写的论文 [28] 是当前 Monge-Ampère 方程的 Dirichlet 边值问题研究的里程碑. 他们采用先验估计和连续性方法成功地证明了全局光滑凸解的存在性和唯一性. 更多关于实 Monge-Ampère 方程的结论可以参看文献 [72]—[74], [114] 等. Krylov 证明了边界条件为常数时全局光滑解的存在性, 并将结论推广到满足某种凹形条件的完全非线性椭圆算子的情形. 同时他也考虑了抛物型的 Monge-Ampère 方程, 得到了光滑解的存在性.

实 Monge-Ampère 方程的 Dirichlet 边值问题的研究集中在有界光滑区域上, 所给的边值函数也是光滑的情形. 通常采用连续性方法来研究此类问题经典解存在性和唯一性. 由 Evans-Krylov 定理知, 只需要得到解直到二阶导数的先验估计即可, 这种方法来源于文献 [28]. 在讨论边界上的二阶导数估计时, 需要强烈地依赖于边界的几何性质, 通常也就是某种凸性. D. Hoffman, H. Rosenberg, J. Spruck[56] 和 B. Guan, J. Spruck[49] 等在考虑 Dirichlet 边界问题时将这种凸性的条件由严格下解的存在性条件替换, 实际上假设下解存在比假设区域的某种凸性要弱, 因为通常在区域的某种凸性下可以构造出下解来.

实 Monge-Ampère 方程的 Neumann 边值问题:

$$\begin{aligned} &\det\left(\frac{\partial^2 u}{\partial x_i \partial x_j}\right) = f(x,u,Du), \quad \text{在 } \Omega \text{ 内}, \\ &D_\nu u = \phi(x,u), \qquad\qquad\qquad \text{在 } \partial\Omega \text{上}. \end{aligned} \tag{1.2}$$

P. L. Lions, N. Trudinger, J. I. E. Urbas[89] 最早处理实 Monge-Ampère 方程的 Neumann 边值问题, 得到了光滑解的存在性和唯一性, 其中解的最大模估计可以由凸性得到. 关于解的梯度估计, 其证明同样适用于斜边值问题, 对于二阶导数估计, 类似于 Dirichlet 边值问题的处理思想, 通过构造辅助函数将问题转换到边界上, 再将边界上的二阶导数估计分为纯切向、切向法向混合以及纯法向三个方面来加以讨论, 然而这种技巧对于斜边值问题是失效的. 其后汪徐家[121] 得到了广义解的存在性, 并举反例说明对于斜边值问题而言, 仅仅加上光滑性条件是不能得到光滑解的. J. Urbas[118] 证明当斜边值条件是法向 C^1 扰动时光滑解存在且唯一. 李松鹰在文献 [84] 中采用不同于 J. Urbas 的办法证明了上述解的存在性.

本书的目的是讨论复 Monge-Ampère 方程, 近几十年来, 有许多关于该类方程边值问题的文献, 下面我们归纳为三个方面来介绍这一主题的研究历史.

1. Dirichlet **边值问题**

1976 年, E. Bedford 与 B. A. Taylor 在文献 [11] 中考虑复 $\mathbf{C}^n$ 空间中严格拟凸域 Ω 上弱形式的复 Monge-Ampère 方程:

$$
\begin{cases}
u \in \mathrm{PSH}(\Omega) \cap L^\infty(\Omega), & \text{在 } \Omega \text{ 内}, \\
(dd^c u)^n = d\mu, & \text{在 } \Omega \text{ 内}, \\
u = \phi, & \text{在 } \partial\Omega \text{ 上},
\end{cases}
\tag{1.3}
$$

当方程的右边 $d\mu = f dV$, 其中 f 为非负连续函数, dV 为体积测度时证明了具有连续边值的弱多重下调和解的存在性. 进一步地, 如果假设 $f, \phi \in C^{1,1}$, 他们能得到 $C^{1,1}$ 的多重下调和解. 在此之后, E. Bedford 和 B. A. Taylor 在文献 [9], [10] 中利用变分和 Perron-Bremermann family 方法证明了弱解的存在性和唯一性. 具体而言, 在上述两篇文献中, 他们在有界严格拟凸区域上证明了多重下调和解的全局 Lipschitz 正则性, 同时在复空间的单位球上得到了多重下调和解的局部 $C^{1,1}$ 正则性. 1977 年,

N. Kerzman[63] 首次将 Fefferman 映射定理的证明与求解退化型复 Monge-Ampère 方程全局光滑性联系起来. 然而, 关于退化情形下复 Monge-Ampère 方程弱解的正则性, 1979 年, E. Bedford 与 J. E. Fornaess 举出反例证明无论方程右端函数 f, 以及边界条件 ϕ 的光滑性有多好, 都无法得到光滑解, 并说明 $C^{1,1}$ 解的最优性. 1984 年, U. Cegrell 在文献 [21] 中将 E. Bedford 与 B. A. Taylor 的结论推广到当 f 只是有界函数的情形, 得到了多重下调和解的存在性. 1992 年, U. Cegrell 与 L. Persson 在文献 [24] 中得到了当方程右端函数 $f \in L^2$ 时多重下调和解的存在性. 1993 年, U. Cegrell 与 A. Sadullaev 在文献 [25] 中证明了当 $f \in L^1$ 时不存在多重下调和解. 1994 年, S. Kolodziej 研究了方程右端 μ 为非负 Radon 测度的情形, 对测度 μ 给出控制条件下复 Monge-Ampère 方程的弱解. 由于所给的控制条件难于验证, 1998 年他在前面所做工作的基础上证明了在严格拟凸域上如果复 Monge-Ampère 方程存在下解 v 满足

$$S = \{v \in \mathrm{PSH}(\Omega) \cap C(\overline{\Omega}) : (dd^c v)^n \geqslant d\mu, v|_{\partial\Omega} = \phi\}, \tag{1.4}$$

则存在弱解.

对于非退化的复 Monge-Ampère 方程, 在对右端函数 f 和边界函数 ϕ 给出适当的结构性条件和光滑性条件的基础上, 1985 年, L. Caffarelli, J. J. Kohn, L. Nirenberg, J. Spruck 在文献 [27] 中证明了有界严格拟凸区域上光滑解的存在性以及唯一性. 实际上, 当区域是单位球时, 存在性和正则性问题[44, 91] 退化为求解一类当右端函数为径向函数的常微分方程.

关于复 Monge-Ampère 方程, 在比严格拟凸域更一般的区域上也有一些研究成果. Z. Blocki 在文献 [13], [14] 中研究超凸 (hyperconvex) 区域上的弱形式复 Monge-Ampère 方程, 得到连续多重下调和解的存在性. 1998 年, 关波在文献 [47] 中研究非退化型的复 Monge-Ampère 方程的经

典解, 将 L. Caffarelli, J. J. Kohn, L. Nirenberg, J. Spruck 的结论推广到一般的有界区域中, 得到下解导致解的存在性并证明解的正则性. 至此对于复 Monge-Ampère 方程弱解的 Hölder 连续性还没有任何结果. 2004 年, 李松鹰在文献 [83] 中引入有限型弱拟凸区域, 在对边值不加结构限制的情况下证明在 m 有限型多重下调和区域上, 如果 $f^{\frac{1}{n}} \in C^{\alpha}(\overline{\Omega})$, 边界值 $\phi \in C^{m\alpha}(\partial\Omega)$, 复 Monge-Ampère 方程存在 $C^{\alpha}(\overline{\Omega})$ 的弱解. 同时他举出反例说明无限型多重下调和区域的解没有 Hölder 连续性.

2. Neumann 边值问题

1994 年李松鹰在文献 [82] 中, 研究严格拟凸域上具有 Neumann 边值条件的复 Monge-Ampère 方程, 证明了解的存在性、唯一性以及正则性. 虽然证明的方法仍然是先验估计和连续性方法, 但是与实 Monge-Ampère 方程的 Neumann 边值问题的情形相比较, 复的问题有着本质的区别. 这是因为, 前者关于梯度估计的证明强烈地依赖于解的凸性, 然而后者的研究对象是多重下调和函数, 它并没有类似的凸性, 相反它具有某种奇性. 正因为如此, 后者在梯度估计与二阶导数估计时难度相当. 因此, 李松鹰在梯度估计时, 采用了欧氏空间中证明二阶导数的技巧, 先取辅助函数将内部估计约化至边界, 再在边界上分成法向、切向、非切非法方向来分别讨论非退化半线性 Neumann 边值条件下经典解的梯度估计. 利用类似的技巧进一步得到二阶导数的估计, 最后利用连续性方法和椭圆方程的一般理论得到解的存在性、唯一性以及正则性; 并指出在退化情形时, 无论我们给出数据的光滑性多强, 也仅能得到 $C^{1,1}$ 的解.

3. 边界爆破问题

1980 年, 郑绍远与丘成桐在研究非紧复流行上的复 Kähler 度量的存在性时发现该问题最终转化为一个复 Monge-Ampère 方程, 形如

$$\det(g_{i\bar{j}} + u_{i\bar{j}}) = e^{Ku} e^F \det(g_{i\bar{j}}). \tag{1.5}$$

在文献 [37] 中, 他们采用偏微分方程的技巧讨论复 Monge-Ampère 方程

$$\begin{aligned} &\det(u_{i\bar{j}}) = e^{(n+1)u}, \quad \text{在 } \Omega \text{ 内}, \\ &(u_{i\bar{j}}) > 0,\ u = \infty, \quad \text{在 } \partial\Omega \text{ 上} \end{aligned} \tag{1.6}$$

边界爆破 (blow-up) 问题解的存在性. 对于实 Monge-Ampère 方程边界爆破问题, 2004 年, 关波与简怀玉在文献 [48] 中讨论了凸域上此问题解的存在性, 并给出近似最优的增长性条件. 就实的情形而言, 解的导数估计依赖于 Pogorelov 的内部估计. 2000 年, Z. Blocki 在文献 [14] 中研究了凸域上复 Monge-Ampère 方程解的内部正则性, 得到解的内部估计. 2002 年, B. Ivarsson 在文献 [57] 中对 Z. Blocki 的结果作了推广, 得到了严格拟凸域上解的内部正则性.

1.2 预备知识

1.2.1 多复变的预备知识

本小节将介绍一些多复变的预备知识, 参看 [130]. 令 $z_1, \cdots, z_n$ 为 $\mathbf{C}^n$ 的复坐标系, $z_j = x_j + iy_j, j = 1, \cdots, n$. 多重指标 $\alpha = (\alpha_1, \cdots, \alpha_n)$. 记 $z^\alpha = z_1^{\alpha_1} \cdots z_n^{\alpha_n}$. 令

$$B(z_0, r) = \{z \in \mathbf{C}^n : |z_j - z_{0,j}| \leqslant r,\ j = 1, \cdots, n\}, \tag{1.7}$$

其中 $z_0 = (z_{0,1}, \cdots, z_{0,n})$. $B(z_0, r)$ 称为 $\mathbf{C}^n$ 中以 z_0 为球心, r 为半径的球. $B(z_0, r)$ 与 $\mathbf{R}^{2n}$ 中实变量定义的球是一样的. 区域 $D \subset \mathbf{C}^n$ 即为 $\mathbf{C}^n$ 中的连通开集. 设 $z_0 \in D$, 则可取 $r > 0$ 充分小, 使得 $B(z_0, r) \subset D$. $B(z_0, r)$ 称为 z_0 的 r 球形邻域.

现设 Ω 是 $\mathbf{C}^n$ 中的区域, Ω 上的复值函数可以表示为

$$\begin{aligned} f(z) &= u(z) + iv(z) \\ &= u(x_1, \cdots, x_n; y_1, \cdots, y_n) + iv(x_1, \cdots, x_n; y_1, \cdots, y_n), \end{aligned} \tag{1.8}$$

$f(z)$ 连续当且仅当 $u(z)$ 和 $v(z)$ 分别是 Ω 上的连续函数. 若 $f(z)$ 的实部 $u(z)$ 和虚部 $v(z)$ 都是 Ω 上关于实变量 $(x_1, \cdots, x_n; y_1, \cdots, y_n)$ 的 r 阶连续可导函数, 则称 $f(z)$ 为 Ω 上的 C^r 函数. 定义复值函数 $f(z)$ 关于实变量的偏导数为

$$\frac{\partial f}{\partial x_j} = \frac{\partial u}{\partial x_j} + i\frac{\partial v}{\partial x_j}, \tag{1.9}$$

$$\frac{\partial f}{\partial y_j} = \frac{\partial u}{\partial y_j} + i\frac{\partial v}{\partial y_j}. \tag{1.10}$$

定义 $f(z)$ 关于实变量的微分为

$$df = \sum_{j=1}^{n} \frac{\partial f}{\partial x_j} dx_j + \sum_{j=1}^{n} \frac{\partial f}{\partial y_j} dy_j. \tag{1.11}$$

首先利用微分的线性性质, 将 z_j 和 $\bar{z_j}$ 看作 x_j 和 y_j 的函数, 得到

$$dz_j = dx_j + idy_j, \quad d\bar{z_j} = dx_j - idy_j, \tag{1.12}$$

则

$$dx_j = \frac{dz_j + d\bar{z_j}}{2}, \quad dy_j = \frac{dz_j - d\bar{z_j}}{2i}. \tag{1.13}$$

又因为

$$d = \sum_{j=1}^{n} \left(\frac{\partial}{\partial x_j} dx_j + \frac{\partial}{\partial y_j} dy_j \right), \tag{1.14}$$

综合以上关系整理后得

$$d = \sum_{j=1}^{n} \left[\frac{1}{2} \left(\frac{\partial}{\partial x_j} - i\frac{\partial}{\partial y_j} \right) dz_j + \frac{1}{2} \left(\frac{\partial}{\partial x_j} + i\frac{\partial}{\partial y_j} \right) d\bar{z_j} \right]. \tag{1.15}$$

另一方面, 对于复变量我们期望得到与实变量类似的结论, 可以将微分 d 表示为下面的形式:

$$d=\sum_{j=1}^{n}\left(\frac{\partial}{\partial z_j}dz_j+\frac{\partial}{\partial \bar{z}_j}d\bar{z}_j\right). \tag{1.16}$$

因此在等式 (1.1) 中, 令

$$\frac{\partial}{\partial z_j}=\frac{1}{2}\left(\frac{\partial}{\partial x_j}-i\frac{\partial}{\partial y_j}\right),\quad \frac{\partial}{\partial \bar{z}_j}=\frac{1}{2}\left(\frac{\partial}{\partial x_j}+i\frac{\partial}{\partial y_j}\right). \tag{1.17}$$

由此我们得到微分 d 以及偏导数关于复变量的表示关系. 以此为基础, 不难得到函数关于复变量的各种高阶偏导数. 对于 $\mathbf{C}^n$ 中区域 Ω 上的函数 $f(z)$, 如果关于复变量 z_j 和 $\bar{z}_j$ 的所有小于等于 r 阶的偏导数都存在且连续, 则称 $f(z)$ 为 Ω 上的 C^r 函数.

令

$$\partial=\sum_{j=1}^{n}\frac{\partial}{\partial z_j}dz_j,\quad \bar{\partial}=\sum_{j=1}^{n}\frac{\partial}{\partial \bar{z}_j}d\bar{z}_j, \tag{1.18}$$

∂ 和 $\bar{\partial}$ 分别称为关于复变量在 $(1,0)$ 方向和 $(0,1)$ 方向的微分, 这时 $d=\partial+\bar{\partial}$. 进一步地, 对于复变量的偏导数, 利用直接计算得

$$\frac{\partial z_i}{\partial z_j}=\delta_j^i,\quad \frac{\partial \bar{z}_i}{\partial \bar{z}_j}=\delta_j^i,\quad \frac{\partial \bar{z}_i}{\partial z_j}=0,\quad \frac{\partial z_i}{\partial \bar{z}_j}=0. \tag{1.19}$$

这一关系可以看作实变量关于偏导数的关系式的推广. 然而这其中的含义是不同的. 特别地, x_i 与 y_i 是相互独立的变量, 各自取值不互相依赖, 但是 z_i 与 $\bar{z}_i$ 作为变量并不是相互独立的.

接下来将引入下调和函数的概念. 我们知道在欧氏空间 $\mathbf{R}^2$ 上,

$$\Delta=\frac{\partial^2}{\partial x^2}+\frac{\partial^2}{\partial y^2} \tag{1.20}$$

称为 Laplace 算子. 若区域 $\Omega\subset\mathbf{R}^2$ 上的光滑函数 u 满足 $\Delta u=0$, 则称 u 为调和函数. 复空间中的 Laplace 算子可以表示为

$$\Delta=4\frac{\partial^2}{\partial z\partial\bar{z}}. \tag{1.21}$$

对于平面区域上二阶可导的函数 u,

$$\frac{1}{4}\Delta u = \left[\frac{\partial^2}{\partial z \partial \bar{z}}\right] \tag{1.22}$$

就是 u 的复 Hessian 矩阵. 要了解满足 $\Delta u \geqslant 0$ 的函数, 我们先从调和函数开始讨论.

对于平面上的调和函数而言, Laplace 方程表示其复 Hessian 矩阵 $\left[\frac{\partial^2}{\partial z \partial \bar{z}}\right]$ 恒为零. 而作为其推广, 定义如下.

定义 1.1 如果 $\forall z_0 \in \Omega$, 存在常数 $r = r(z_0) > 0$ 使得 $B(z_0, r) \subset \Omega$ 且 u 可以展开成一个绝对收敛的幂级数列:

$$u(z) = \sum_{\alpha} a_\alpha (z - z_0)^\alpha, \tag{1.23}$$

其中 $z \in B(z_0, r)$, 则称函数 $u : \Omega \to \mathbf{C}$ 为全纯的.

定义 1.2 函数 $u : \Omega \to \mathbf{R} \cup \{-\infty\}$ 在 $z_0 \in \Omega$ 处上半连续, 如果

$$\limsup_{z \to z_0} u(z) \leqslant u(z_0). \tag{1.24}$$

进一步地, 如果在 Ω 内每一点处都上半连续, 则称该函数在 Ω 内上半连续.

定义 1.3 假设 $\Omega \subset \mathbf{R}^n$ 为一个区域, $u : \Omega \to \mathbf{C}$ 为 C^2 光滑函数. 如果它满足下面的微分方程:

$$\Delta u = \sum_{i=1}^{n} \left(\frac{\partial^2}{\partial x_j^2}\right) u = 0, \tag{1.25}$$

我们称 u 为调和的. 自然地, 如果 u 在 Ω 上是全纯的, 那么它一定是调和的.

定义 1.4 如果对于上半连续函数 u 满足下列结论: 对于任意 $z \in \Omega$ 和 $r > 0$ 满足 $\overline{B}(z, r) \subset \Omega$, 实值函数 h 在 $\overline{B(z, r)}$ 上连续, 在 $B(z, r)$ 内

调和且满足在边界 $\partial B(z,r)$ 上 $h \geqslant f$, 则在 $B(z,r)$ 上有 $h \geqslant f$, 称 u 是下调和函数.

根据极值原理知调和函数一定是下调和的, 反之不一定成立. 下面从函数的复 Hessian 矩阵半正定性的角度给出下调和函数的特征.

定理 1.1 复平面中区域 Ω 上二阶连续可微的实值函数 u 为下调和函数的充分必要条件是: 对于任意 $z \in \Omega$, 恒有

$$\frac{\partial^2 u(z)}{\partial z \partial \bar{z}} \geqslant 0. \tag{1.26}$$

推论 1.1 函数 $u(z) = |z|$ 是下调和函数.

证明

$$\frac{\partial^2 u}{\partial z \partial \bar{z}} = \frac{1}{2}\left[\frac{1}{|z|} - \frac{1}{2|z|}\right] = \frac{1}{4|z|} \geqslant 0. \tag{1.27}$$

定理 1.2 复平面区域 Ω 上的上半连续函数 u 为下调和函数的充分必要条件是: 对于任意闭圆盘 $\overline{B(z_0, \varepsilon)} \subset \Omega$, 均值不等式成立:

$$u(z_0) \leqslant \frac{1}{2\pi\varepsilon} \int_0^{2\pi} u(z_0 + \varepsilon e^{i\theta}) d\theta. \tag{1.28}$$

推论 1.2 设 $\{u_n(z)\}$ 是区域 Ω 上的一族下调和函数, 令

$$u(z) = \sup\{u_n(z)\}. \tag{1.29}$$

如果 $u(z)$ 是上半连续的, 则 $u(z)$ 也是下调和函数.

推论 1.3 如果 u 是调和函数, $p \geqslant 1$, 则 $|u|^p$ 是下调和函数.

推论 1.4 如果 $u(z)$ 是区域 Ω 上的解析函数, $p > 0$, 则 $|u|^p$ 也是下调和函数.

以上说明了在复平面上二阶连续可微的实值函数 $u(z)$ 为下调和函数的充分必要条件是 $u(z)$ 的复 Hessian 矩阵处处半正定. 在此基础上, 我们给出 $\mathbf{C}^n$ 空间中所需的多元函数相关的定义和性质.

假设 Ω 为复空间 $\mathbf{C}^n$ 中任意区域, (a,w) 表示点 $a\in\Omega$ 的切向量. 我们定义全纯映射 $\alpha_{a,w}:\mathbf{C}\to\mathbf{C}^n$ 为 $\alpha_{a,w}(\zeta):=a+\zeta w$.

定义 1.5 上半连续函数 $p:\Omega\to\mathbf{R}\cup\{-\infty\}$ 称为在 Ω 上多重下调和的, 如果对于 Ω 的每一个切向量 (a,w) 函数

$$p_{a,w}(\zeta):=p\circ\alpha_{a,w}(\zeta)=p(a+\zeta w)$$

在包含原点的连通分支 $\alpha_{a,w}^{-1}\subset\mathbf{C}$ 上下调和.

定义 1.6 一个实值光滑函数称为多重下调和 (plurisubharmonic) 当且仅当该函数的 Hessian 矩阵 $(u_{i\bar{j}})$ 是半正定的; 若 Hessian 阵为正定矩阵, 我们称该函数为严格多重下调和 (strictly plurisubharmonic).

推论 1.5 如果 $u(z)$ 是区域 $\Omega\subset\mathbf{C}^n$ 上的解析函数, 则 $\ln|u(z)|$ 是多重下调和函数.

下面介绍关于拟凸区域的概念以及一些性质.

定义 1.7 对具有 C^1 边界的区域 $\Omega\subset\mathbf{C}^n$, 如果存在一个定义在 $\partial\Omega$ 邻域上的光滑函数 ρ, 使得 ρ 满足

$$\begin{cases}\rho<0, & \text{在 } \Omega \text{ 上},\\ \rho>0, & \text{在 } \Omega^c \text{ 上},\\ d\rho\neq 0, & \text{在 } \partial\Omega \text{ 上}.\end{cases}\tag{1.30}$$

我们称 ρ 为区域 Ω 上的定义函数 (defining function).

定义 1.8 称具有 C^2 边界的区域 $\Omega\subset\mathbf{C}^n$ 为拟凸域 (pseudoconvex), 如果存在定义函数 ρ 使得

$$\sum_{j,k=1}^{n}\frac{\partial^2\rho}{\partial z_j\partial\bar{z}_k}(P)w_j\bar{w}_k\geqslant 0,\tag{1.31}$$

对于任意的 $P\in\partial\Omega$, $w\in\mathbf{C}^n$ 满足

$$\sum_{j=1}^{n}(\partial\rho/\partial z_j)w_j=0.$$

注记 1.1　拟凸域具有双全纯变换不变性.

定理 1.3　如果 Ω 是严格拟凸域, 则存在 Ω 上的定义函数 ρ 和正常数 C 使得

$$\sum_{j,k=1}^{n} \frac{\partial^2 \rho}{\partial z_j \partial \bar{z_k}}(P) w_j \bar{w}_k \geqslant C|w|^2, \tag{1.32}$$

其中 $P \in \partial\Omega$, $w \in \mathbf{C}^n$.

定理 1.4　如果 $\Omega \subset \mathbf{C}^n$ 是全纯域, 对于任意 $z \in \mathbf{C}^n$, 令

$$d(z) = \operatorname{dist}(z, \partial\Omega) = \inf\{|w - z||w \in \partial\Omega\}, \tag{1.33}$$

则将 $d(z)$ 限制在 Ω 上后, $-\ln d(z)$ 是多重下调和函数.

定理 1.5　如果 $\Omega \subset \mathbf{C}^n$ 是具有二阶光滑边界的区域, 则 Ω 为拟凸域的充分必要条件是: 对于任意点 $z_0 \in \partial\Omega$, 存在 z_0 的邻域 U 使得 $-\ln d(z)$ 是 $U \cap \Omega$ 上的多重下调和函数.

对于任意给定的拟凸域 Ω, 选取适当的定义在 $[0, +\infty)$ 上的函数 $f(z)$, 使其满足 $f'(z) > 0$, $f''(z) > 0$, 则可使函数

$$h(z) = \max\{f(|z|^2), -\ln d(z)\} \tag{1.34}$$

是 Ω 上的多重下调和函数, 并且满足: 对于任意常数 $C \in \mathbf{R}$, 集合

$$K_c = \{z \in \Omega | h(z) \leqslant C\} \tag{1.35}$$

都是 Ω 中的紧集. 显然, 对于任意全纯区域, 函数 $-\ln d(z) + |z|^2$ 也满足这一性质. 利用拟凸域和全纯域的共性, 推广定义如下.

定义 1.9　设 $h(z)$ 是区域 $\Omega \subset \mathbf{C}^n$ 上的实值函数, 如果对于任意常数 $C \in \mathbf{R}$, 集合

$$K_C = \{z \in \Omega | h(z) \leqslant C\} \tag{1.36}$$

都是 Ω 中的紧集, 则称 $h(z)$ 为穷竭函数 (exhaustion function).

定义 1.10 如果在区域 $\Omega \subset \mathbf{C}^n$ 上存在一个多重下调和的穷竭函数, 则称 Ω 为拟凸域.

定理 1.6 (Narasimhan) 假设 Ω 是 $\mathbf{C}^n$ 中具有 C^2 边界的区域. 假设在点 $P \in \partial\Omega$ 严格拟凸, 则存在点 P 的邻域 U 和双全纯映射 φ 使得 $\varphi(U \cap \partial\Omega)$ 是严格凸的.

Fornaess 更精确地表述了 Narasimhan 的定理如下.

定理 1.7 (Fornaess) 假设 $\Omega \subset \mathbf{C}^n$ 是具有 C^2 边界的严格拟凸域, 记 $\bar{\Omega}$ 在 $\mathbf{C}^n$ 中的邻域为 $\hat{\Omega}$, 则存在 $n' > n$, 一个严格凸区域 $\Omega' \subset \mathbf{C}^{n'}$ 和真全纯映射 $\Phi : \hat{\Omega} \to \mathbf{C}^{n'}$ 使得

$$\Phi(\Omega) \subset \Omega', \tag{1.37}$$

$$\Phi(\partial\Omega) \subset \partial\Omega', \tag{1.38}$$

$$\Phi(\hat{\Omega} \backslash \partial\Omega) \subset \mathbf{C}^{n'} \backslash \overline{\Omega'}, \tag{1.39}$$

$$\Phi(\hat{\Omega})\text{是边界}\partial\Omega'\text{的横截面}. \tag{1.40}$$

接下来给出一个拟凸域而非严格拟凸域的实例.

例 1.1 (Kohn-Nirenberg) 令

$$\Omega = \left\{ (z_1, z_2) \in \mathbf{C}^2 : \Re z_2 + |z_1 z_2|^2 + |z_1|^8 + \frac{15}{7}|z_1|^2 \Re z_1^6 < 0 \right\},$$

则我们知道除去原点的边界 $\partial\Omega$ 为严格拟凸域.

1.2.2 偏微分方程的预备知识

若 Ω 是 $\mathbf{C}^n$ 中开子集, u 是 Ω 上的光滑函数, 则

$$u_j = \partial_j u = \partial_{z_j} u = \frac{1}{2}(\partial_{x_j} u - \sqrt{-1}\partial_{y_j} u), \tag{1.41}$$

$$u_{\bar{j}} = \partial_{\bar{j}} u = \partial_{\bar{z}_j} u = \frac{1}{2}(\partial_{x_j} u + \sqrt{-1}\partial_{y_j} u). \tag{1.42}$$

因此,

$$\partial_{j\bar{k}}u = \frac{1}{4}(\partial_{x_jx_k}u + \partial_{y_jy_k}u) + \frac{\sqrt{-1}}{4}(\partial_{x_jy_k}u - \partial_{x_ky_j}u), \tag{1.43}$$

特别地,

$$\partial_{j\bar{j}}u = \frac{1}{4}(\partial_{x_jx_j}u + \partial_{y_jy_j}u) = \frac{1}{4}\Delta_j u. \tag{1.44}$$

若 u 是实值函数, 即

$$\partial_{k\bar{j}}u = \overline{\partial_{j\bar{k}}u}, \tag{1.45}$$

则 $n \times n$ 矩阵 $(u_{i\bar{j}})$ 是 Hermitian 矩阵.

为了方便, 我们用 $a_{i\bar{j}}$ 表示 $n \times n$ 矩阵 $(a_{i\bar{j}})$ 的 (i, j) 元.

对于 Hermitian 矩阵, 二次型 $a_{i\bar{j}}t_i\bar{t}_j$ 是实值的, 其中 $t \in \mathbf{C}^n$.

若记

$$a_{i\bar{j}} = b_{ij} + \sqrt{-1}c_{ij}, \tag{1.46}$$

则 (b_{ij}) 是实对称矩阵, (c_{ij}) 是实反对称矩阵.

令 $t_i = \xi_i + \sqrt{-1}\eta_i$, 则有

$$a_{i\bar{j}}t_i\bar{t}_j = b_{ij}(\xi_i\xi_j + \eta_i\eta_j) + c_{ij}(\xi_i\eta_j - \eta_i\xi_j). \tag{1.47}$$

若 $a_{i\bar{j}}t_i\bar{t}_j > 0,\ t \in \mathbf{C}^n$, 则 Hermitian 矩阵 $(a_{i\bar{j}})$ 是正定的.

定义线性算子

$$L = a_{i\bar{j}}\partial_{i\bar{j}}, \tag{1.48}$$

若 Hermitian 矩阵 $(a_{i\bar{j}})$ 是正定的, 则 L 是线性椭圆算子. 为了证明此结论, 计算可知

$$L = a_{i\bar{j}}\partial_{i\bar{j}} = \frac{1}{4}(b_{ij}(\partial_{x_ix_j} + \partial_{y_iy_j}) - c_{ij}(\partial_{x_iy_j} - \partial_{y_ix_j})). \tag{1.49}$$

对任意 $\xi,\eta\in\mathbf{R}^n$, 我们可以得到

$$b_{ij}(\xi_i\xi_j+\eta_i\eta_j)+c_{ij}(\xi_i\eta_j-\xi_j\eta_i)=a_{i\bar{j}}(\xi_i-\sqrt{-1}\eta_i)(\xi_j+\sqrt{-1}\eta_j)=a_{i\bar{j}}t_i\bar{t}_j. \tag{1.50}$$

对任意非零 $(\xi,\eta)\in\mathbf{R}^{2n}$, 上式是正的.

令 $r=(r_{i\bar{j}})$ 是 $\mathbf{C}$ 上的 $n\times n$ 矩阵, F 是关于 r 的函数, 记

$$F^{i\bar{j}}(r)=\frac{\partial F(r)}{\partial r_{i\bar{j}}},\quad F^{i\bar{j},k\bar{l}}=\frac{\partial^2 F}{\partial r_{i\bar{j}}\partial r_{k\bar{l}}}(r). \tag{1.51}$$

将复 Monge-Ampère 算子记作

$$F((u_{i\bar{j}}))=\log\left(\det(u_{i\bar{j}})\right)=\log f=g. \tag{1.52}$$

引理 1.1 由 (1.52) 可得

(i) $F^{i\bar{j}}(u_{i\bar{j}})=u^{i\bar{j}}$, 其中 $u^{i\bar{j}}u_{k\bar{j}}=\delta^i_k$;

(ii) $F^{i\bar{j},k\bar{l}}=-F^{i\bar{l},k\bar{j}}=-u^{i\bar{l}}u^{k\bar{j}}$;

(iii) F 是 $\mathbf{C}$ 上关于 $n\times n$ 矩阵的凹函数.

证明 首先证明 (i),

$$\begin{aligned}F^{i\bar{j}}&=\frac{\partial(\log\det(u_{i\bar{j}}))}{\partial u_{i\bar{j}}}\\&=\frac{1}{\det(u_{i\bar{j}})}\frac{\partial(\det(u_{i\bar{j}}))}{\partial u_{i\bar{j}}}\\&=\frac{B^{i\bar{j}}}{\det(u_{i\bar{j}})}\\&=u^{i\bar{j}},\end{aligned} \tag{1.53}$$

其中 $(B^{i\bar{j}})$ 是 $n\times n$ 矩阵 $(u_{i\bar{j}})$ 的伴随矩阵, $(u^{i\bar{j}})$ 与 $(u_{i\bar{j}})$ 互为逆矩阵.

再证 (ii), 由于

$$u^{i\bar{k}}u_{j\bar{k}}=\delta^i_j, \tag{1.54}$$

将上式两边关于 $u_{p\bar{q}}$ 求导可得

$$(u^{i\bar{k}})_{u_{p\bar{q}}}u_{j\bar{k}} + u^{i\bar{k}}(u_{j\bar{k}})_{u_{p\bar{q}}} = 0, \tag{1.55}$$

两边同乘 $u^{j\bar{l}}$, 并对 l 求和, 可得

$$(u^{i\bar{l}})_{u_{p\bar{q}}} = (u^{i\bar{k}})_{u_{p\bar{q}}}u_{j\bar{k}}u^{j\bar{l}} = -u^{i\bar{k}}u^{j\bar{l}}(u_{j\bar{k}})_{u_{p\bar{q}}} = -u^{i\bar{q}}u^{p\bar{l}}, \tag{1.56}$$

亦可得

$$\frac{\partial u^{i\bar{j}}}{\partial u_{k\bar{l}}} = -u^{i\bar{l}}u^{k\bar{j}}, \tag{1.57}$$

即

$$\frac{\partial^2 F}{\partial u_{i\bar{j}}\partial u_{k\bar{l}}} = \frac{\partial u^{i\bar{j}}}{\partial u_{k\bar{l}}} = -u^{i\bar{l}}u^{k\bar{j}}. \tag{1.58}$$

u 是多重下调和的, 由上式显然可得, 对任意 Hermitian 矩阵 $M = (m_{i\bar{j}})$,

$$\frac{\partial^2 F}{\partial u_{i\bar{j}}\partial u_{k\bar{l}}}m_{i\bar{j}}m_{k\bar{l}} \leqslant 0, \tag{1.59}$$

即 (iii) 得证.

引理 1.2　*$u \in C^4(\Omega)$ 是严格多重下调和函数, 满足 (1.52), 则在 Ω 内, 任意 $\xi \in S^{(2n-1)}$,*

(i) $F^{i\bar{j}}\partial_{i\bar{j}}D_\xi u = D_\xi g$;

(ii) $F^{i\bar{j}}\partial_{i\bar{j}}D_{\xi\xi}u = D_{\xi\xi}g + F^{i\bar{l}}F^{k\bar{j}}(\partial_{i\bar{j}}D_\xi u)(\partial_{k\bar{l}}D_\xi u)$;

(iii) $u^{i\bar{j}}\partial_{i\bar{j}}D_{\xi\xi}u(z) \geqslant D_{\xi\xi}g$.

证明　将微分算子 D_ξ 作用于等式 $F(u_{i\bar{j}}) = g$, 利用链式法则, 可得

$$D_\xi g = D_\xi F((u_{i\bar{j}})) = F^{i\bar{j}}D_\xi\partial_{i\bar{j}}u = F^{i\bar{j}}\partial_{i\bar{j}}D_\xi u, \tag{1.60}$$

即 (i) 得证.

下证 (ii), 将微分算子 $D_{\xi\xi}$ 作用于 (1.52), 利用链式法则及引理 1.1, 可得

$$
\begin{aligned}
D_{\xi\xi}g &= D_\xi(u^{i\bar{j}}D_\xi u_{i\bar{j}}) \\
&= F^{i\bar{j},k\bar{l}}D_\xi u_{k\bar{l}}D_\xi u_{i\bar{j}} + F^{i\bar{j}}D_{\xi\xi}u_{i\bar{j}} \\
&= -F^{i\bar{l}}F^{k\bar{j}}(\partial_{i\bar{j}}D_\xi u)(\partial_{k\bar{l}}D_\xi u) + F^{i\bar{j}}D_{\xi\xi}u_{i\bar{j}},
\end{aligned} \tag{1.61}
$$

即 (ii) 得证.

由 F 的凹性, $-F^{i\bar{l}}F^{k\bar{j}}(\partial_{i\bar{j}}D_\xi u)(\partial_{k\bar{l}}D_\xi u) \leqslant 0$, 则 (iii) 显然成立.

在研究复 Monge-Ampère 方程经典解的问题中, 主要采用了连续性方法的思想, 通过得到解的先验估计证明解的存在性. 首先介绍隐函数定理.

假设 B_1, B_2 和 X 是 Banach 空间, 且

$$
G : B_1 \times X \to B_2 \tag{1.62}
$$

在 $(u,\sigma) \in B_1 \times X$ 点处是 Fréchet 可导的, 其中偏 Fréchet 导数 $G^1_{(u,\sigma)}$ 和 $G^2_{(u,\sigma)}$ 分别是从 B_1 和 X 到 B_2 的有界线性映射. G 在 (u,σ) 点的 Fréchet 导数定义为

$$
G_{u,\sigma}(h,k) = G^1_{(u,\sigma)}(h) + G^2_{(u,\sigma)}(k), \tag{1.63}
$$

其中 $h \in B_1$, $k \in X$.

定理 1.8(隐函数原理) *假设 B_1, B_2 和 X 是 Banach 空间, G 是从 $B_1 \times X$ 到 B_2 的映射. 如果在点 $(u_0, \sigma_0) \in B_1 \times X$ 处满足如下条件:*

(i) $G(u_0, \sigma_0) = 0$;

(ii) G 在 (u_0, σ_0) 点处是连续可导的;

(iii) 偏 Fréchet 导算子 $L = G^1_{(u_0,\sigma_0)}$ 是可逆的, 则在 X 中存在 σ_0 的邻域 N 使得当 $\sigma \in N$ 时, $G(u,\sigma) = 0$ 可解, 而且解为 $u = u_\sigma \in B_1$.

定理 1.9(压缩映像原理) *设 T 是 Banach 空间 B 上的压缩映射, 即存在 $0 < \theta < 1$, 使得*

$$\|Tx - Ty\| \leqslant \theta \|x - y\|, \quad \forall x, y \in B, \tag{1.64}$$

则存在唯一不动点, 即算子方程

$$Tx = x \tag{1.65}$$

存在唯一解 $x \in B$.

定理 1.10(连续性方法)　设 B 为 Banach 空间, V 为线性赋范空间, T_0 和 T_1 是 B 到 V 的有界线性算子, 令

$$T_r = (1-r)T_0 + rT_1, \quad r \in [0,1]. \tag{1.66}$$

如果存在常数 $C > 0$ 使得

$$\|x\|_B \leqslant C\|T_r x\|_V, \quad r \in [0,1], \tag{1.67}$$

则 T_1 把 B 满射到 V 当且仅当 T_0 把 B 满射到 V.

现在将以上定理应用到复 Monge-Ampère 方程中, 以 Neumann 边值问题为例说明其应用. 令

$$F[u] = \log\det(u_{i\bar{j}}) - \log f, \tag{1.68}$$

在边界上,

$$H[u] = D_\nu u - \varphi(z, u). \tag{1.69}$$

设

$$B_1 = C^{2,\alpha}(\overline{\Omega}); \quad B_2 = C^{\alpha}(\overline{\Omega}) \times C^{1,\alpha}(\partial\Omega), \quad 0 < \alpha < 1, \tag{1.70}$$

则我们定义映射 $P: B_1 \to B_2$,

$$P[u] = (F[u], H[u]), \tag{1.71}$$

$$P_u h = (Lh, Nh), \quad h \in B_1, \tag{1.72}$$

其中

$$L = F^{i\bar{j}}\partial_{i\bar{j}} + b^k D_k + C; \tag{1.73}$$

$$b^k = -g_{p_k}, \quad g = \log f, \tag{1.74}$$

$$C = -g_u \leqslant 0; \tag{1.75}$$

$$Nh = \varphi_u h + D_\nu h. \tag{1.76}$$

现在令 B_1 中的开集 U 为

$$U = C^{2,\alpha}(\overline{\Omega}) \cap \{\mathrm{SPSH}(\overline{\Omega})\}. \tag{1.77}$$

根据线性方程的理论知 P_u 是可逆的.

定理 1.11 假设 Ω 是 $\mathbf{C}^n$ 空间的 $C^{2,\alpha}$ 区域, 其中 $\alpha \in (0,1)$, U 是 $C^{2,\alpha}(\overline{\Omega})$ 中的开子集, 而且 $\psi \in U$. 令

$$E = \{u \in U; P[u] = \sigma P[\psi], \sigma \in [0,1]\}. \tag{1.78}$$

如果 $F \in C^{2,\alpha}$, $H \in C^{3,\alpha}$ 满足如下条件:

(i) E 是 $C^{2,\alpha}(\overline{\Omega})$ 中的有界区域, $F_u \leqslant 0$, $H_u \geqslant 0$;

(ii) $\overline{E} \subset U$, 则上述复 Monge-Ampère 方程的 Neumann 边值问题可解.

第2章　复 Monge-Ampère 方程 Dirichlet 边值问题

为了本书的完整性并方便读者, 本章简要综述参考文献 [11], [27], [47] 关于 Dirichlet 边值问题的主要研究结果.

2.1　引　　言

复 Monge-Ampère 方程 Dirichlet 边值问题有丰富的研究成果. 1976 年, E. Bedford 与 B. A. Taylor 在文献 [11] 中考虑严格拟凸域 Ω 上如下边值问题:

$$\begin{cases} u \in \mathrm{PSH}(\Omega) \cap L^\infty(\Omega), \\ (dd^c u)^n = d\mu, \\ u = \phi, \quad \text{在 } \partial\Omega \text{ 上}. \end{cases} \tag{2.1}$$

证明了当方程的右边 $d\mu = fdV$, f 为非负连续函数, dV 为体积测度时具有连续边值的弱多重下调和解的存在性. 进一步地, 如果假设 $f, \phi \in C^{1,1}$, 他们得到了 $C^{1,1}$ 的多重下调和解.

定理 2.1[11]　假设 Ω 是 $\mathbf{C}^n$ 中的有界开集, 如果 $u, v \in C(\overline{\Omega})$ 是多重下调和函数, 且 $(dd^c u)^n \leqslant (dd^c v)^n$, 则

$$\min\{u(z) - v(z) : z \in \overline{\Omega}\} = \min\{u(z) - v(z) : z \in \partial\Omega\}. \tag{2.2}$$

定理 2.2[11]　假设 Ω 是 $\mathbf{C}^n$ 中的有界严格拟凸域. 若 $\phi \in C(\partial\Omega)$, $f \in C(\overline{\Omega})$, 且 $f \geqslant 0$, 则存在唯一多重下调和解 $u \in C(\overline{\Omega})$ 满足

$$\begin{aligned} &(dd^c u)^n = f, \\ &u = \phi, \quad \text{在 } \partial\Omega \text{ 上}. \end{aligned} \tag{2.3}$$

更进一步地，如果边界 $\partial\Omega$ 光滑，$\phi \in C^2(\partial\Omega)$ 和 $f^{1/n} \in C^{1,1}(\overline{\Omega})$，则 $u \in C^{1,1}(\partial\Omega)$.

1984 年, U. Cegrell 在文献 [21] 中将 E. Bedford 与 B. A. Taylor 的结论推广到 f 只是有界函数的情形, 得到了多重下调和解的存在性. 1992 年, U. Cegrell 与 L. Persson 在文献 [24] 中得到了当方程右端函数 $f \in L^2$ 时多重下调和解的存在性. 1993 年, U. Cegrell 与 L. Sadullaev 在文献 [25] 中证明了当 $f \in L^1$ 时不存在多重下调和解.

1994 年, S. Kolodziej 在文献 [11] 中研究方程右端 μ 为非负 Radon 测度的情形, 对测度 μ 给出控制条件构造出复 Monge-Ampère 方程的弱解.

定理 2.3[11]　假设 Ω 是 $\mathbf{C}^n$ 中的有界严格拟凸域, μ 是 Ω 上的 Borel 测度满足 $\int_\Omega d\mu \leqslant 1$. 考虑单增函数 $h : \mathbf{R} \to (1, \infty)$, 满足

$$\int_1^\infty (yh^{1/n}(y))^{-1} dy < \infty. \tag{2.4}$$

如果 μ 满足不等式

$$\mu(K) \leqslant A\text{cap}(K, \Omega) h^{-1}((\text{cap}(K, \Omega))^{-1/n}), \tag{2.5}$$

对于任意的紧集 K,

$$\text{cap}(K, \Omega) := \sup \left\{ \int_K (dd^c u)^n : u \in \text{PSH}(\Omega), -1 < u < 0 \right\}, \tag{2.6}$$

则问题 (2.1) 解的范数 $\|u\|_{L^\infty}$ 被不依赖于 μ 的常数 $B(h, A)$ 控制. 更进一步地, u 连续.

推论 2.1[11] 令 $L^{\varphi}(\Omega, d\lambda)$ 代表 Orlicz 空间, 相应地

$$\varphi(t) = |t|(\log(1+|t|))^n h(\log(1+|t|)), \tag{2.7}$$

h 满足定理 2.3 中的假设. 如果 $f \in L^{\varphi}(\Omega, d\lambda)$, 则当 $d\mu = fd\lambda$ 时问题 (2.1) 可解, 且解连续.

推论 2.2[11] 如果测度 μ 被容量局部控制, 满足定理 2.3 中的假设, 且函数 h 有

$$h(ax) \leqslant bh(x), \quad x > 0, \tag{2.8}$$

对于某个 $a > 1, b > 1$, 则问题 (2.1) 存在连续解.

由于上面所给的控制条件难于验证, 1998 年, S. Kolodziej 在前面所做工作的基础上证明在严格拟凸域上如果复 Monge-Ampère 方程存在下解 v 满足

$$S = \{v \in \mathrm{PSH}(\Omega) \cap C(\overline{\Omega}) : (dd^c v)^n \geqslant d\mu, v|_{\partial\Omega} = \phi\}, \tag{2.9}$$

则存在弱解.

定理 2.4[68] 如果问题 (2.1) 存在下解 $v \in S$, 则该问题存在多重下调和解.

这个结论是目前关于复 Monge-Ampère 方程 Dirichlet 问题在严格拟凸域上解的存在性所得到的最好结果. 关于退化情形下复 Monge-Ampère 方程弱解的正则性, 1979 年, E. Bedford 与 J. E. Fornaess 在文献 [7] 中举出反例证明无论方程右端函数 f 以及边界条件 ϕ 的光滑性有多好, 都无法得到光滑解, 并说明 $C^{1,1}$ 解的最优性.

定理 2.5[7] 存在一个具有光滑边界的严格拟凸域 $\Omega \subset \mathbf{C}^n$ 和函数 $u \in C^{1,1}(\overline{\Omega}) \cap C^{\infty}(\Omega)$ 满足方程

$$\begin{aligned} &\det\left(\frac{\partial^2 u}{\partial z_j \partial \bar{z}_j}\right) = f \geqslant 0, \quad \text{在 } \Omega \text{ 上}, \\ &u = 0, \qquad\qquad\qquad\qquad \text{在 } \partial\Omega \text{ 上}, \end{aligned} \tag{2.10}$$

且 $f \in C_0^\infty(\Omega)$ 但是 $u \notin C^2(\overline{\Omega})$.

关于复 Monge-Ampère 方程的全局正则性, 1985 年, L. Caffarelli, J. J. Kohn, L. Nirenberg, J. Spruck 在文献 [27] 中证明当 $f > 0$, 且 f, ϕ 都是光滑函数时, 光滑解的存在性以及唯一性. 相关结果还可参见文献 [18]—[25], [66]—[71].

2.2 严格拟凸域上的 Dirichlet 边值问题

本节主要介绍 L. Caffarelli, J. J. Kohn, L. Nirenberg, J. Spruck 在文献 [27] 中关于复 Monge-Ampère 方程在严格拟凸域上的结果.

设 Ω 是具有光滑边界的有界严格拟凸域, 考虑复 Monge-Ampère 方程的 Dirichlet 问题:

$$\begin{aligned} &\det(u_{j\bar{k}}) = f(z, u) > 0, \quad \text{在 } \Omega \text{ 上}, \\ &u = \phi, \qquad\qquad\qquad\quad \text{在 } \partial\Omega \text{ 上}. \end{aligned} \tag{2.11}$$

定理 2.6[27] 设 $f \in C^\infty(\overline{\Omega} \times \mathbf{R})$, 且光滑函数 $\phi_u \geqslant 0$, 则问题 (2.11) 存在唯一的严格多重下调和解 $u \in C^\infty(\overline{\Omega})$.

如果假设

$$f \in C^{1,1}(\overline{\Omega} \times R), \quad f > 0, \quad f_u \geqslant 0, \quad f(\cdot, u) \neq 0, \quad \forall u, \tag{2.12}$$

对于每一个 m, 如果 $|u| \leqslant m$, 则存在常数 $C_0 = C_0(m)$ 使得

$$|Df|, f_u \leqslant C_0 f^{1,1/2n}, \tag{2.13}$$

其中 D 表示关于 z_j 和 $\bar{z}_k$ 的导数.

$$|D^2 f|, |Df_u|, |f_{uu}| \leqslant C_0 f^{1,1/n}. \tag{2.14}$$

定理 2.7[27]　假设区域 Ω 和边值 ϕ 与定理 2.6 一致, 函数 f 满足条件 (2.12)—(2.14), 则问题 (2.11) 有 $C^{1,1}(\overline{\Omega})$ 解, 如果假设

$$\phi = \text{const},$$

或 (2.15)

$$f(z, \phi(z)) > 0, \quad \text{在 } \partial\Omega \text{ 上}.$$

若问题 (2.11) 中的 f 还依赖于 u 的梯度, 考虑以下问题:

$$\begin{aligned} &\det(u_{j\bar{k}}) = f(z, u, \nabla u) > 0, && \text{在 } \Omega \text{ 上}, \\ &u = \phi, && \text{在 } \partial\Omega \text{ 上}. \end{aligned} \tag{2.16}$$

定理 2.8[27]　设 $\phi \in C^\infty(\partial\Omega)$, $f \in C^\infty(\overline{\Omega} \times \mathbf{R} \times \mathbf{R}^{2n})$ 且 $f > 0$. 进一步, 若 $f_u \geqslant 0$ 且存在正常数 C 使得

$$|Df|,\ |f_u|,\ \left|\frac{\partial f}{\partial p_j}\right| \leqslant C f^{1-\frac{1}{n}}, \quad j = 1, \cdots, 2n, \tag{2.17}$$

其中 D 代表 f 关于 $z_j, z_{\bar{k}}$ 的导数, 则存在严格多重下调和函数 $u \in C^\infty(\overline{\Omega})$ 是问题 (2.16) 在 $C^{1,1}$ 空间上的唯一多重下调和解.

在退化的情况 $f(z, u, p) \geqslant 0$ 时, 我们假设对于每一个 $m \geqslant 0$, 存在常数 $C = C(m)$ 使得

$$\begin{aligned} &|Df|, |f_u|, |Df_{p_i}|, |f_{up_i}| \leqslant C f^{1-1/2n}, \\ &|D^2 f|, |Df_u|, |f_{uu}| \leqslant C f^{1-1/n}, \\ &|f_{p_i}|, |f_{p_i p_j}| \leqslant C f, \end{aligned} \tag{2.18}$$

其中 $|u| + |p| \leqslant m$.

定理 2.9[27] 假设区域 Ω 和边值 ϕ 与定理 2.8 一致, 函数 f 满足条件 (2.17), (2.18), 则问题 (2.16) 有 $C^{1,1}(\overline{\Omega})$ 的解, 如果假设

$$\phi = \text{const},$$

或 (2.19)

$$f(z, \phi(z), p) > 0, \quad \text{在 } \partial\Omega \times \mathbf{R}^{2n} \text{ 上}.$$

定理 2.10[27] 假设 u 是严格拟凸域 Ω 上的光滑严格多重下调和函数, 且是问题 (2.11) 或者 (2.16) 的解, 则以下不等式成立:

$$|u|_{C^2} \leqslant K, \tag{2.20}$$

其中 K 只依赖于区域 Ω 和函数 f, ϕ.

为了证明以上几个定理, 主要思想是先通过构造闸函数的办法得到解的 C^2 估计, 再通过连续性方法证明解的存在性. 下面我们以最简单的情形 $f(z)$ 为例, 对问题的证明作简单介绍.

引理 2.1(比较原理)[27] 假设 $\Omega \subset \mathbf{C}^n$ 是有界区域. 如果 $u, v \in C^2(\overline{\Omega})$ 是多重下调和函数满足

$$\begin{aligned} &\det(u_{i\bar{j}}) \geqslant \det(v_{i\bar{j}}), && \text{在 } \Omega \text{ 上}, \\ &u \leqslant v, && \text{在 } \partial\Omega \text{ 上}, \end{aligned} \tag{2.21}$$

则在 Ω 上 $u \leqslant v$.

首先令

$$F(D^2u) \equiv \log\det(u_{i\bar{j}}) = \log f, \tag{2.22}$$

通过对方程求导引入线性化算子 $L = u^{i\bar{j}}\partial_{i\bar{j}}$. 第一步类似于实 Monge-Ampère 方程, 应用多重下调和函数与调和函数的性质, 根据比较原理得到解的最大模估计. 第二步估计梯度模和部分二阶导数. 由于多重下调

和函数没有凸函数的性质, 关于解的梯度估计不同于实 Monge-Ampère 方程的证明. 先得到边界上的梯度估计, 然后构造闸函数

$$w = \pm Du + e^{\lambda|z|^2}, \tag{2.23}$$

通过线性化算子 L 作用, 利用最大值原理得到梯度估计. 二阶导数估计是比较复杂的. 内部的二阶导数估计在得到边界估计的前提下只需构造闸函数

$$\sum (a_j\partial_{x_j} + b_j\partial_{y_j})^2 u + e^{\lambda|z|^2} \tag{2.24}$$

即可. 证明的关键在于边界上二阶导数估计. 若取法向为 x_n, 余下的 $2n-1$ 个方向 t_i 为切向, 那么切向二阶导数估计由 Dirichlet 边值条件可得. 第三步证明混合二阶导数估计. 令算子

$$T_i = \frac{\partial}{\partial t_i} - \frac{\rho_{t_i}}{\rho_{x_n}}\frac{\partial}{\partial x_n}, \tag{2.25}$$

其中 ρ 为 Ω 之边界的定义函数. 取函数

$$w = \pm T_i(u-\phi) + (u_t - \phi_t)^2, \tag{2.26}$$

定义区域

$$S_\varepsilon = \{z \in U : \rho(z) \leqslant 0, x_n \leqslant \varepsilon\}, \tag{2.27}$$

其中 U 是原点的邻域. 在区域 S_ε 上考虑闸函数 $w - (Ax_n - B|z|^2)$, 适当调节常数 A, B 和 ε, 根据最大模原理得到混合估计. 最后剩下法向二阶导数估计. 问题的关键在于证明

$$(u_{z_\alpha \bar{z}_\beta})_{\alpha,\beta<n} \geqslant c_1 I_{n-1}, \tag{2.28}$$

其中 I_{n-1} 为 $(n-1)\times(n-1)$ 单位矩阵. 通过简化只需验证 $u_{1\bar{1}} \geqslant c_1$ 即可. 此时的证明在于比较函数

$$\tilde{u} = u - \lambda x_n - \Re p(z) \tag{2.29}$$

和

$$h(z) = -\delta_0 x_n + \delta_1 |z|^2 + \frac{1}{2B}\sum_{j=2}^{n} |a_j z_1 + B z_j|^2, \tag{2.30}$$

其中函数 $p(z)$ 是与严格拟凸域边界的展开式有关的不具有一阶项的立方多项式. 同样考虑在区域 S_ε 上, 通过调整函数中的常数利用比较原理得证. 余下的工作就是利用二阶椭圆方程的经典理论对定理加以完善证明.

2.3 一般区域上的 Dirichlet 边值问题

复 Monge-Ampère 方程在比严格拟凸域更一般的区域上也有一些研究成果. Z. Blocki 在文献 [13], [14] 中研究超凸 (hyperconvex) 区域上的弱形式复 Monge-Ampère 方程, 得到弱解的存在性.

定义 2.1 如果存在一个弱的多重下调和支撑函数, 则称 $\Omega \subset \mathbf{C}^n$ 为超凸域.

对于每一个超凸域, 存在一个光滑的耗散函数 ψ 满足

$$\det(\psi_{j\bar{k}}) \geqslant 1. \tag{2.31}$$

而且超凸域是介于严格拟凸域与拟凸域之间的区域.

定理 2.11 假设 Ω 是超凸域. 若边界函数 ϕ 是可以连续延拓到 Ω 的多重下调和函数, 即存在函数 $v_0 \in \mathrm{PSH}(\Omega) \cap C(\overline{\Omega})$ 使得 $v_0|_{\partial\Omega} = \phi$, 则问题 (2.1) 存在解.

1998 年, 关波在文献 [47] 中研究非退化型的复 Mong-Ampère 方程的经典解, 在一般的有界区域中得到下解导致解的结论并证明解的正则性.

在 L. Caffarelli, J. J. Kohn, L. Nirenberg, J. Spruck[27] 的定理证明中, 所构造的闸函数严格依赖于严格拟凸域的边界性质, 为了得到一般区域上的解, 关波在文献 [47] 中通过给出的下解构造闸函数从而得到解的先验估计. 设 Ω 是 $\mathbf{C}^n$ 中一个具有光滑边界的有界区域, 考虑 Dirichlet 问题 (2.16).

定理 2.12[47] 假设 f 和 ϕ 是实值光滑函数, 其中 $f > 0$. 如果存在一个严格多重下调和下解 $\underline{u} \in C^2(\overline{\Omega})$ 满足

$$\det(\underline{u}_{i\bar{j}}) \geqslant f(z, \underline{u}, \nabla \underline{u}), \quad \text{在 } \Omega \text{ 上}; \quad u = \phi, \quad \text{在 } \partial\Omega \text{ 上}, \tag{2.32}$$

则存在一个严格多重下调和解 $u \in C^\infty(\overline{\Omega})$ 满足 (2.16) 且 $u \geqslant \underline{u}$.

我们简单介绍一下此定理改进 L. Caffarelli, J. J. Kohn, L. Nirenberg, J. Spruck 的证明部分. 最大模与梯度估计是相同的, 关键的区别在于边界上混合导数和法向二阶导数的分析.

取闸函数

$$v = (u - \underline{u}) + t(h - u) - Nd^2, \tag{2.33}$$

其中 h 是边界等于 ϕ 的调和函数, d 是到边界的距离函数, t 和 N 是可调节的常数.

引理 2.2[47] 对于充分大的 N 和充分小的 t 和 δ,

$$\begin{aligned} &Lv \leqslant -\frac{\varepsilon}{4}\left(1 + \sum u^{k\bar{k}}\right), && \text{在 } \Omega_\delta \text{ 上}, \\ &v \geqslant 0, && \text{在 } \partial\Omega_\delta \text{ 上}, \end{aligned} \tag{2.34}$$

其中 $\Omega_\delta = \Omega \cap B_\delta(0)$, ε 是矩阵 $(\underline{u}_{j\bar{k}})$ 的最小特征值的下界.

在证明混合导数估计时取闸函数

$$Av + B|z|^2 - (u_{y_n} - \underline{u}_{y_n})^2 \pm T(u - \underline{u}), \tag{2.35}$$

而在证明法向二阶导数时取

$$\tilde{u} = u - (\underline{u}_{x_n}(0) + \underline{u}_{1\bar{1}(0)}/\rho_{1\bar{1}}(0))x_n. \tag{2.36}$$

关波证明的定理 2.12 有着有趣的应用, 例如, 可用来证明在严格拟凸域上多重复格林函数的 $C^{1,\alpha}$ 正则性.

定义 2.2 给定区域 $\Omega \subset \mathbf{C}^n$ 和 Ω 上一点 ζ. 函数

$$g_\zeta(z) = \sup\{v(z) : v \in \mathrm{PSH}(\Omega), v < 0, v(z) \leqslant \log|z-\zeta| + O(1)\}$$

称为 Ω 上在点 ζ 具有对数极点的多重复格林函数 (pluri-complex Green function).

关于多重复格林函数的正则性, 1981 年, P. Lempert 在文献 [76] 中证明了在光滑有界凸域上 $g_\zeta \in C^\infty(\overline{\Omega} - \{\zeta\})$. 在严格拟凸域上, 1988 年, E. Bedford 和 J. P. Demailly 举出了反例说明 g_ζ 不可能属于 $C^2(\Omega - \{\zeta\})$.

定理 2.13[47] 假设 Ω 是光滑有界严格拟凸区域, 且 $\zeta \in \Omega$, 则对于任意的 $0 < \alpha < 1$ 有 $g_\zeta \in C^{1,\alpha}(\overline{\Omega} - \{\zeta\})$.

关波应用定理 2.12, 通过将问题转化为求解方程

$$\begin{cases} u \in \mathrm{PSH}, & \text{在 } \Omega - \{\zeta\} \text{ 上}, \\ \det(u_{z_j \bar{z}_k}) = 0, & \text{在 } \Omega - \{\zeta\} \text{ 上}, \\ u = 0, & \text{在 } \partial\Omega \text{ 上}, \\ u(z) = \log|z-\zeta| + O(1), & \text{当 } z \to \zeta \text{ 时} \end{cases} \tag{2.37}$$

的唯一 $C^{1,\alpha}(\overline{\Omega} - \{\zeta\})$ 弱解以证明定理 2.13.

在文献 [47] 中, 关波还证明了复 Monge-Ampère 方程解的内部正则性如下.

定理 2.14[47] 假设 $u \in C^4(\Omega) \cup C^1(\overline{\Omega})$ 是问题 (2.16) 的严格多重下调和解. 若存在一个严格多重下调和函数 $v \in C^2(\overline{\Omega})$ 且在边界上

$v=\phi$, 则

$$|u_{z_j\bar{z}_k}(z)| \leqslant \frac{C}{(\mathrm{dist}(z,\partial\Omega))^N}, \quad z\in\Omega, \tag{2.38}$$

其中 C, N 是依赖于 $n,\Omega,\|u\|_{C^1(\overline{\Omega})},\|v\|_{C^2(\overline{\Omega})}$ 以及 ϕ 的常数.

关于复 Monge-Ampère 方程解的内部正则性, 2000 年 Z. Blocki 在文献 [14] 中研究了凸域上复 Monge-Ampère 方程解的内部正则性, 得到解的内部估计. 考虑问题

$$\det(u_{i\bar{j}})=f. \tag{2.39}$$

定理 2.15[14]　假设 Ω 是 $\mathbf{C}^n$ 中的有界凸域. $f\in C^\infty(\Omega)$ 使得 $f>0$ 且 $Df^{1/n}$ 有界, 则方程 (2.39) 存在解 $u\in C^\infty(\Omega)$ 且 $\lim_{z\to\partial\Omega}u(z)=0$.

2002 年, B. Ivarsson 在文献 [57] 中对 Z. Blocki 的结果作了推广, 得到了严格拟凸域上解的内部正则性.

性质 2.1[57]　假设 Ω 是 $\mathbf{C}^n$ 中的有界凸域, K 是 Ω 的任意紧集. 若边界值 ϕ 是非正函数, 且 f 是严格正函数, 假设解 $u\in C^\infty(\overline{\Omega}\cap\mathrm{PSH}(\Omega))$. 令 D 是区域的直径,

$$C=\sup\left\{\left|\frac{\partial f^{1/n}}{\partial x_l}(z,t)\right| : (z,t)\in\Omega\times[\inf u(z),0], l=1,\cdots,2n\right\}, \tag{2.40}$$

$$M=\sup\left\{\min\left\{0,\frac{\partial u}{\partial\nu}(\zeta)\right\}\right\};\quad \zeta\in\partial\Omega,\quad z\in K,\quad \nu=\frac{\zeta-z\pm d_\Omega(z)e_l}{|\zeta-z\pm d_\Omega(z)e_l|}, \tag{2.41}$$

其中 e_l 是 $\mathbf{R}^{2n}$ 中的标准正交基, $d_\Omega(z)$ 上点 z 到边界的距离, 则

$$\sup\left|\frac{\partial u}{\partial x_l}(z)\right| \leqslant \frac{2\sup\limits_{z\in K}|u(z)|+2\sup\limits_{z\in\partial\Omega}|\phi|+2DM+CD^3}{\inf\limits_{z\in K}d_\Omega(z)}+CD^2. \tag{2.42}$$

性质 2.2[57]　假设 u 是方程 (2.39) 的解, 存在非负常数 K_0,K_1,b, B_0 和 B_1 使得

$$\|u\|_{C^1(\Omega)} \leqslant K_0, \quad \sup_{z\in\Omega} \Delta u(z) \leqslant K_1, \quad b \leqslant f \leqslant B_0, \quad \|f^{1/n}\|_{C^1(\Omega)} \leqslant B_1, \tag{2.43}$$

则对于任意的区域 $\Omega' \subset \Omega$ 存在常数 α 和 C 仅依赖于 $n, K_0, K_1, b, B_0,$ B_1 和 $\inf_{z\in\Omega'} d_\Omega(z)$, 使得

$$\sup\left\{\left\|\frac{\partial^2 u}{\partial z_j \partial \bar{z}_k}\right\|_{C^\alpha(\Omega')}\right\} \leqslant C. \tag{2.44}$$

2002 年, 管鹏飞在文献 [52] 中应用关波的结论, 讨论齐次复 Monge-Ampère 方程

$$\begin{cases} (dd^c u)^n = 0, & \text{在 } M^0 \text{ 上}, \\ u = 1, & \text{在 } \Gamma_1 \text{ 上}, \\ u = 0, & \text{在 } \Gamma_0 \text{ 上}, \end{cases} \tag{2.45}$$

其中 $d^c = i(\bar{\partial} - \partial)$, M_0 是有界紧复流形 M 的内部, Γ_1 和 Γ_0 分别是 M 的外部和内部边界. 得到这样的结论: 假设 M 形如

$$M = \overline{\Omega}^* \Big\backslash \left(\bigcup_{j=1}^N \Omega_j\right), \tag{2.46}$$

其中 $\Omega^*, \Omega_1, \cdots, \Omega_N$ 均为 $\mathbf{C}^n$ 中有界光滑严格拟凸域, 且 $\Omega_1, \cdots, \Omega_N$ 互不相交, $\Omega_j \subset \Omega^*$.

$\bigcup_{j=1}^N \Omega_j$ 是 Ω^* 中的全纯凸区域, $\Gamma_1 = \partial\Omega^*$, $\Gamma_0 = \bigcup_{j=1}^N \partial\Omega_j$. 令

$$F = \{u \in C^2(M) | u \in \mathrm{PSH}, 0 < u < 1\}, \tag{2.47}$$

$$B = \{u \in F | u = 1 \text{ 在 } \Gamma_1 \text{ 上}, u = 0 \text{ 在 } \Gamma_0 \text{ 上}\}. \tag{2.48}$$

定理 2.16[52] 如果 M 具有 (2.46) 的形式, u 是问题 (2.45) 的唯一解, 则存在序列 $\{u_k\} \subset B$ 使得

$$\|u_k\|_{C^2(M)} \leqslant C, \quad \lim_{k\to\infty} \sup (dd^c u_k)^n = 0, \tag{2.49}$$

而且

$$\lim_{k\to\infty}\|u_k-u\|_{C^{1,\alpha}(M)}=0,\quad \forall\alpha\in(0,1). \tag{2.50}$$

特别地, $u\in C^{1,1}(M)$.

定理的证明关键在于构造下解, 然后应用关波的结论得到解存在.

定理 2.17[52] 如果 M 具有 (2.46) 的形式, 则存在函数

$$v\in \mathrm{PSH}(M^0)\cap C^\infty(M)$$

使得

$$\begin{aligned} &v=1+cr, && \text{在 } \Gamma_1 \text{ 附近},\\ &v=c_jr_j, && \text{在 } \partial\Omega_j \text{ 附近}, \end{aligned} \tag{2.51}$$

其中 $j=1,2,\cdots,N$; $c,c_1,\cdots,c_N$ 为正常数; r 和 r_j 分别是区域 Ω 和 Ω_j 的定义函数. 更进一步,

$$(dd^cv)^n>0,\quad \text{在 } M \text{ 上}. \tag{2.52}$$

2004 年, 李松鹰在文献 [83] 中引入 m 型多重下调和区域, 即如下定义.

定义 2.3[83] 假设 Ω 是具有 C^1 边界的有界拟凸域. m 为大于 2 的实数. 如果存在多重下调和函数 $\rho(z)\in C^2(\Omega)\cap C^{\frac{2}{m}}(\overline{\Omega})$ 使得在 Ω 中 $\rho<0$, 在边界上 $\rho=0$, 且 $H(\rho)-I_n$ 是半正定的, 则称 Ω 为 m 型多重下调和的 (plurisubhamonic type m).

注记 2.1[83] (1) 每一个 $\mathbf{C}^n$ 中的光滑有界严格拟凸域是 2 型多重下调和区域;

(2) 对于任意的实数 $m\geqslant 1$, 如果令 $E_{2m}=\{(z_1,z_2)\in\mathbf{C}^2:|z_1|^2+|z_2|^{2m}<1\}$, 则 E_{2m} 是 $2m$ 型多重下调和拟凸域.

定理 2.18[83] 假设 $m\geqslant 2$ 是实数, 若 Ω 是 $\mathbf{C}^n$ 中具有 C^2 边界的有界 m 型多重下调和拟凸域. 对于任意的 $0<\alpha\leqslant 2/m$, 如果 $\phi\in C^{m\alpha}(\partial\Omega)$, $f\geqslant 0$, 且 $f^{1/n}\in C^\alpha(\overline{\Omega})$, 则在弱意义下复 Monge-Ampère 方程有唯一多重下调和解 $u\in C^\alpha(\overline{\Omega})$.

第3章 复 Monge-Ampère 方程 Neumann 边值问题

Neumann 边值问题是一类特殊情形的斜边值问题. 本章先介绍李松鹰对 Neumann 问题的讨论, 然后介绍我们在 Neumann 问题上的工作[131, 132].

3.1 Neumann 边值问题研究背景

本节主要介绍李松鹰在文献 [81] 中的工作. 在此之前, 关于复 Monge-Ampère 方程的讨论主要集中在 Dirichlet 边值问题, 而对于 Neumann 问题还没有结果. 而关于实 Monge-Ampère 方程的 Neumann 边值问题, P. L. Lions, N. S. Trudinger, J. Urbas 在 1986 年文献 [89] 中已经讨论过. 他们考虑凸域 Ω 上的 Monge-Ampère 方程:

$$\det D^2u = f(x, u, Du), \tag{3.1}$$

具有 Neumann 边值条件

$$D_\nu u = \phi(x, u), \tag{3.2}$$

其中函数 f 为 $\overline{\Omega} \times \mathbf{R} \times \mathbf{R}^n$ 上的正函数, ν 代表边界的内法向量.

定理 3.1[89] 假设 Ω 是具有 $C^{1,1}$ 边界的一致凸域, $f(x, z, p) \in C^{1,1}(\overline{\Omega} \times \mathbf{R} \times \mathbf{R}^n)$, 关于变量 z 非减. $\phi \in C^{2,1}(\partial\Omega \times \mathbf{R})$,

$$\phi_z(x, z) \geqslant \gamma_0 > 0. \tag{3.3}$$

更进一步地, f 满足结构条件

$$f(x, N, p) \leqslant g(x)/h(p), \tag{3.4}$$

其中 N 是常数, $g \in L^1(\Omega)$, $h \in L^1_{\mathrm{loc}}(\mathbf{R}^n)$ 是正函数且满足

$$\int_\Omega g < \int_{\mathbf{R}^n} h, \tag{3.5}$$

则问题 (3.1) 和 (3.2) 存在唯一凸解 $u \in C^{3,\alpha}(\overline{\Omega})$.

在实的情形关于解的梯度估计证明中, 直接依赖于函数的凸性即可. 然而对复的情形而言, 多重下调和函数没有凸函数这样的性质, 因此解的梯度估计与二阶导数估计难度几乎相同. 李松鹰在文章中分情况讨论, 充分利用了 Neumann 边值条件以及区域的边界性质, 证明了 Neumann 问题解的存在性、唯一性以及正则性.

考虑复 Monge-Ampère 方程

$$\det(u_{i\bar{j}}) = f(z, u, \nabla u), \quad 在\ \Omega\ 上, \tag{3.6}$$

具有 Neumann 边值条件

$$D_\nu u = \phi(z, u), \quad 在\ \partial\Omega\ 上, \tag{3.7}$$

其中 D_ν 代表沿边界的外法向导数.

先考虑简单的情形, 当 f 仅与区域有关, $\phi(z, u) = -\gamma_0 u + \phi(z)$, 其中 $\gamma_0 \geqslant 0$.

定理 3.2[81] 设 Ω 是具有光滑边界的有界严格拟凸域使得

$$2\lambda_1 + \gamma_0 > 0, \quad \gamma_0 > 0, \tag{3.8}$$

其中 λ_1 代表区域边界的最小主曲率. 设 $f \in C^\infty(\overline{\Omega})$, $\phi \in C^\infty(\partial\Omega)$, 则复 Monge-Ampère 方程的 Neumann 问题 (3.6), (3.7) 存在唯一的多重下调和解 $u \in C^\infty(\overline{\Omega})$.

定理 3.3[81] 假设 Ω 是满足条件 (3.8) 的有界严格拟凸域, 具有 $C^{3,1}$ 边界. 设 f 是 Ω 上的非负函数, $f^{\frac{1}{n}} \in C^2(\Omega)$, $\phi \in C^{3,1}(\partial\Omega)$, 则复 Monge-Ampère 方程的 Neumann 问题 (3.6), (3.7) 存在唯一的多重下调和解 $u \in C^{1,1}(\overline{\Omega})$.

对梯度估计时, 他通过构造闸函数

$$W(z,\xi) = D_\xi u(z) - <\nu, \quad \xi > \phi(z,u) + (u+K_o)^2 + K|z|^2 \tag{3.9}$$

说明梯度模的最大值只能在边界上达到. 然后分边界上法向、切向, 以及非法向非切向三种情形讨论边界上的梯度模估计.

3.2 复 Monge-Ampère 方程 Neumann 问题的梯度估计

本节研究复 Monge-Ampère 方程 Neumann 边值问题:

$$\det(u_{i\bar{j}}) = f(z), \qquad \text{在 } \Omega \text{ 内}, \tag{3.10}$$

$$D_\nu u = \varphi(z,u) = -\gamma_0 u(z) + \phi(z), \quad \text{在 } \partial\Omega \text{ 上}, \tag{3.11}$$

其中 Ω 是 $\mathbf{C}^n$ 中有界光滑强拟凸域, ν 为边界外法向量, $\gamma_0 > 0$, $f \geqslant f_0 > 0$, $f \in C^2(\bar{\Omega})$, $\phi \in C^2(\partial\Omega)$. 另外, 取 $\lambda_1(z)$ 为 $\partial\Omega$ 上曲率, 记 $\lambda_1 = \inf\{\lambda_1(z) : z \in \partial\Omega\}$, 给出了解的梯度估计一个新证明. 在证明中, 我们先假设梯度估计存在, 按照李松鹰在文献 [81] 中的思路重写二阶导数估计的证明, 得到梯度估计与二阶导数估计的关系, 再利用插值不等式得到解的全局梯度估计.

首先假设解的梯度估计存在, 即 $\sup_{z\in\bar{\Omega}} |Du| = M_1$, 令 $\tilde{u} = u/M_1$, 则 $|D\tilde{u}| \leqslant 1$, 由复 Monge-Ampère 方程 Neumann 边值问题 (3.10) 和 (3.11) 计算可得

$$\det(\tilde{u}_{i\bar{j}}) = \tilde{f}(z), \qquad \text{在 } \Omega \text{ 内}, \tag{3.12}$$

$$D_\nu \tilde{u} = \tilde{\varphi}(z, \tilde{u}(z)) = -\gamma_0 \tilde{u}(z) + \tilde{\phi}(z), \quad \text{在 } \partial\Omega \text{ 上}, \tag{3.13}$$

其中 ν 为边界外法向量, $\tilde{f}(z) = \dfrac{f(z)}{M_1^n}$, $\tilde{\varphi}(z, \tilde{u}) = \dfrac{\varphi(z, u/M_1)}{M_1}$, $\tilde{\phi}(z) = \dfrac{\phi(z)}{M_1}$, 显然可得, $\tilde{f} \in C^2(\bar{\Omega})$, $\tilde{\phi} \in C^2(\partial\Omega)$.

为了文章的完整性, 我们引用文献 [81] 中关于最大模估计的结论.

引理 3.1 假设 Ω 是 $\mathbf{C}^n$ 上具有 C^1 边界的有界区域, $u \in C^2(\Omega) \cap C^1(\bar{\Omega})$ 是 (3.10) 和 (3.11) 的多重下调和解, $\phi \in C^1(\partial\Omega)$, 则

$$u(z) \leqslant N_1, \quad \text{在 } \partial\Omega \text{ 上}. \tag{3.14}$$

证明 因为 u 是下调和函数, 所以 u 在边界上取得最大值, 记为 $z_0 \in \partial\Omega$, 因此有 $D_\nu u(z_0) \geqslant 0$. 从而

$$u(z) \leqslant u(z_0) \leqslant N_1 = \frac{\phi(z_0)}{\gamma_0}. \tag{3.15}$$

引理 3.2 假设 $u \in C^2(\Omega) \cap C^1(\bar{\Omega})$ 是 (3.10) 和 (3.11) 的多重下调和解, 则

$$u(z) \geqslant N_2 > -\infty, \tag{3.16}$$

其中 N_2 是依赖于 f, γ_0, ϕ 的常数.

证明 构造辅助函数

$$h(z) = u(z) - \beta|z|^2, \quad \beta = n(|f| + 1). \tag{3.17}$$

如果 h 在 $z_0 \in \Omega$ 内部取得最小值, 则

$$\begin{aligned} 0 &\leqslant u^{i\bar{j}}(z_0) h_{i\bar{j}}(z_0) \\ &\leqslant n - \beta f^{-1/n}(z_0) \\ &\leqslant n - \beta |f|^{-1/n} \\ &< 0. \end{aligned} \tag{3.18}$$

导出矛盾, 从而 $z_0 \in \partial\Omega$. 因此

$$\begin{aligned} 0 &\geqslant D_\nu h(z_0) \\ &= D_\nu u(z_0) - \beta D_\nu |z|^2(z_0) \\ &= -\gamma_0 u(z_0) + \phi(z_0) - C, \end{aligned} \tag{3.19}$$

因此

$$\begin{aligned} u(z) &\geqslant h(z) + \beta|z|^2 \\ &\geqslant h(z_0) + \beta|z|^2 \\ &\geqslant \frac{\phi(z_0) - C}{\gamma_0} - \beta|z_0|^2 \\ &= N_2. \end{aligned} \tag{3.20}$$

引理 3.3 假设 $u \in C^2(\Omega) \cap C^1(\bar{\Omega})$ 是 (3.10) 和 (3.11) 的多重下调和解, $f \geqslant f_0 > 0$, $f \in C(\bar{\Omega})$, $\phi \in C(\partial\Omega)$, 则

$$|u|_{0,\bar{\Omega}} \leqslant C_1,$$

其中 C_1 仅与 n, γ_0, Ω, $|\phi|_{0,\partial\Omega}$, $|f^{1/n}|_{0,\bar{\Omega}}$ 相关.

注记 3.1 由引理 3.3 结论及 $\tilde{u} = \dfrac{u}{M_1}$ 可知, $|\tilde{u}|_{0,\bar{\Omega}} \leqslant C$, 其中 C 仅与 n, γ_0, Ω, $|\phi|_{0,\partial\Omega}$, $|f^{1/n}|_{0,\bar{\Omega}}$ 相关.

定理 3.4 Ω 是 $\mathbf{C}^n$ 中的有界光滑强拟凸域, 假设 $\tilde{u} \in C^4(\Omega) \cap C^3(\bar{\Omega})$ 是 (3.12) 和 (3.13) 的多重下调和解, $\tilde{f}(z) \in C^2(\bar{\Omega})$, $\tilde{f} \geqslant \tilde{f}_0 > 0$, $\tilde{\phi}(z) \in C^2(\partial\Omega)$ 且 $\gamma_0 > 0$, 则

$$|D_{\nu\nu}\tilde{u}(z)| \leqslant C_2, \quad \text{在 } \partial\Omega \text{ 上},$$

其中 C_2 与 n, λ_1, Ω, γ_0, $|\phi|_{2,\bar{\Omega}}$, $|f|_{1,\bar{\Omega}}$ 相关, 与 M_1 无关.

证明 我们给出证明思路.

任取一点 $z_0 \in \partial\Omega$, 通过旋转和平移, 可以假设 $z_0 = 0$, 则在 0 点附近, $\bar{B}(0,\varepsilon) \cap \bar{\Omega}$ 的边界定义函数

$$r(z) = -\Re\left(z_n - \sum a_{ij} z_i z_j\right) + \sum b_{i\bar{j}} z_i \bar{z}_j + O(|z|^3). \tag{3.21}$$

由于 r 是严格多重下调和函数, 所以 $(b_{i\bar{j}})$ 是正定矩阵. 下面考虑边值条件 (3.13) 在全纯变换后的形式, 取新的坐标满足

$$z'_j = z_j, \quad j = 1, 2, \cdots, n-1;$$

$$z'_n = z_n - \sum a_{ij} z_i z_j, \tag{3.22}$$

在此变换下, 边值条件不具备旋转平移不变性.

记

$$r(z) = r_1(z') = r_0(z') + O(|z'|^3) = -\Re z'_n + \sum c_{i\bar{j}} z'_i \bar{z}_j{}' + O(|z'|^3), \tag{3.23}$$

其中 $(c_{i\bar{j}})$ 是定义在 $\mathbf{C}$ 上的正定矩阵. 因此 z' 可由 z 表示出来, 即

$$z' = \psi(z),$$

其中 ψ 是全纯变换且 $\psi(0) = 0$,

$$\psi_j(z) = z'_j, \quad j = 1, 2, \cdots, n-1. \tag{3.24}$$

取 $\hat{u}(z') = \tilde{u}(z) = \tilde{u}(\psi^{-1}(z'))$, $\hat{\varphi}(z', \hat{u}) = -\gamma_0 \hat{u}(z') + \hat{\phi}(z')$, 则 Neumann 边值条件 (3.13) 变换如下:

$$\begin{aligned} D_\nu \tilde{u} &= 2\Re\langle \partial\tilde{u}, \partial r\rangle \\ &= 2\Re\left(\frac{\partial \hat{u}}{\partial z'_q}\frac{\partial z'_q}{\partial z_k}\frac{\partial r_1}{\partial z'_p}\frac{\partial z'_p}{\partial z_k}\right) \\ &= 2\Re\langle T\partial\hat{u}, T\partial r_1\rangle \\ &= 2\Re\langle T\partial\hat{u}, T\partial r_0 + T\partial O(|z'|^3)\rangle \end{aligned}$$

$$
\begin{aligned}
&=2\Re\langle T\partial\hat{u}, T\partial r_0\rangle + 2\Re\langle T\partial\hat{u}, T\partial O(|z'|^3)\rangle \\
&=2\Re\langle T\partial\hat{u}, T\partial r_0\rangle + O(|z'|^2) \\
&=2\Re\langle T^*T\partial\hat{u}, \partial r_0\rangle + O(|z'|^2),
\end{aligned} \tag{3.25}
$$

其中 $T=(\partial z'/\partial z)$ 是变换 $z'=\psi(z)$ 对应的 Jacobian 矩阵且 $|O(|z'|)^2|\leqslant C|z'|^2$, 取

$$
B_i(z') = 2\sum_{j=1}^{n} a_{ij}(\psi(z))_j, \tag{3.26}
$$

$$
B'(z') = (B_1(z'), \cdots, B_{n-1}(z')), \tag{3.27}
$$

则

$$
T = \begin{pmatrix} I_{n-1} & 0 \\ -B' & 1-B_n \end{pmatrix},
$$

计算可得

$$
\begin{aligned}
T^*T &= \begin{pmatrix} I_{n-1} & -B'^* \\ 0 & 1-\bar{B}_n \end{pmatrix} \begin{pmatrix} I_{n-1} & 0 \\ -B' & 1-B_n \end{pmatrix} \\
&= \begin{pmatrix} I_{n-1}+B'^*B' & -B'^*(1-B_n) \\ -(1-\bar{B}_n)B' & (1-\bar{B}_n)(1-B_n) \end{pmatrix} \\
&= (1-\bar{B}_n)(1-B_n)I_n + B'^*B' \begin{pmatrix} I_{n-1} & 0 \\ 0 & 0 \end{pmatrix} \\
&\quad + \begin{pmatrix} [1-(1-\bar{B}_n)(1-B_n)]I_{n-1} & -(1-B_n)B'^* \\ -(1-\bar{B}_n)B' & 0 \end{pmatrix}.
\end{aligned}
$$

因为 $B_j = O(|z'|)$ 且 $\partial r_0/\partial z'_j = O(|z'|), j<n$, 所以

$$
\begin{aligned}
D_\nu \tilde{u} &= 2\Re\langle T^*T\partial\hat{u}, \partial r_0\rangle + O(|z'|^2) \\
&= 2(1-\bar{B}_n)(1-B_n)\Re\langle \partial\hat{u}, \partial r_0\rangle
\end{aligned}
$$

$$+2\Re\left(\sum_{j=1}^{n-1}\frac{\partial r_0}{\partial \bar{z}'_n}(1-\bar{B}_n)B_j\partial_j\hat{u}\right)+O(|z'|^2). \tag{3.28}$$

取

$$A_j(z')=B_j(1-B_n)^{-1}\frac{\partial r_0}{\partial \bar{z}'_n},\quad j=1,2,\cdots,n-1, \tag{3.29}$$

则 $A_j(z')$ 在 $\Omega\cap B(0,\varepsilon)$ 上是全纯的, 并且 $A_j(0)=0$, 由边值条件 (3.13) 可知, 在 $\partial\Omega$ 上,

$$\begin{aligned}2\Re\left(\langle\partial\hat{u},\partial r_0\rangle+\sum_{j=1}^{n-1}A_j\partial_j\hat{u}\right)&=\hat{\varphi}(z',\hat{u})(1-\bar{B}_n)^{-1}(1-B_n)^{-1}+O(|z'|^2)\\&=\hat{\varphi}(z',\hat{u})+O(|z'|^2).\end{aligned} \tag{3.30}$$

由复 Monge-Ampère 方程在全纯变换下的性质可知, 取 $\hat{g}(z')=g(z)-\log(|J(z')|^2)$, 则 $\log\det(\hat{u}_{i\bar{j}})=\hat{g}(z')$.

为了叙述方便, 用 z 代替 z', $\tilde{u}$ 代替 $\hat{u}$, g 代替 $\hat{g}$, 可知

$$r(z)=-\Re z_n+\sum c_{i\bar{j}}z_i\bar{z}_j+O(|z|^3),\quad 在\ \bar{B}(0,\varepsilon)\cap\bar{\Omega}\ 上, \tag{3.31}$$

则 Neumann 边值条件如下:

$$2\Re\left(\langle\partial\tilde{u},\partial r_0\rangle+\sum_{j=1}^{n-1}A_j\partial_j\tilde{u}\right)=\tilde{\varphi}(z,\tilde{u})+O(|z|^2), \tag{3.32}$$

其中

$$r_0=-\Re z_n+\sum c_{i\bar{j}}z_i\bar{z}_j,$$

A_j 是全纯函数且 $A_j(0)=0$.

考虑函数

$$\begin{aligned}h(z)=&2\Re\left(\langle\partial\tilde{u},\partial r_0\rangle+\sum_{j=1}^{n-1}A_j\partial_j\tilde{u}\right)-\tilde{\varphi}(z,\tilde{u})\\&+\exp(K(r(z)+C_0))-\exp(KC_0)-K_1x_n,\end{aligned} \tag{3.33}$$

其中 $C_0 = |r|_{0,\bar{\Omega}} + 1$,

(1) 当 $K_1 = C/\varepsilon^2$ 足够大时, 在 $\partial(B(0,\varepsilon)\cap\Omega)$ 上有 $h(z) < 0$;

(2) 取算子 $L = \tilde{u}^{i\bar{j}}\partial_{i\bar{j}}$, 当 k 足够大时, 即可证在 $B(0,\varepsilon)\cap\Omega$ 上 $Lh(z) \geqslant 0$;

由 (1), (2) 利用极大值原理可得, h 只能在 $\partial(B(0,\varepsilon)\cap\Omega)$ 上取得其在 $B(0,\varepsilon)\cap\Omega$ 上的极大值.

(3) 在 $\partial\Omega$ 上, $h(z) = -K_1 x_n + O(|z|^2)$, 取 K_1 足够大, 则 h 在 0 处取得极大值. 因此, $0 \leqslant D_\nu h(0) \leqslant D_{\nu\nu}\tilde{u}(z_0) + C_2$, 即 $D_{\nu\nu}\tilde{u}(z_0) \geqslant -C_2$.

对于函数 $\hat{h}(z) = -h(z)$, 则 $0 \leqslant D_\nu \hat{h}(0) \leqslant -D_{\nu\nu}\tilde{u}(z_0) + C_2$, 即 $D_{\nu\nu}\tilde{u}(z_0) \leqslant C_2$.

综合可得

$$|D_{\nu\nu}\tilde{u}(z_0)| \leqslant C_2,$$

即定理得证.

注记 3.2 因为 $\tilde{u} = \dfrac{u}{M_1}$, 则由定理 3.4 结论可知, 原边值问题的解 u 满足

$$|D_{\nu\nu}u| \leqslant C_3 M_1,$$

其中 C_3 仅与 n, λ_1, Ω, γ_0, $|\phi(z)|_{2,\bar{\Omega}}$, $|f|_{2,\bar{\Omega}}$ 相关, 与 M_1 无关.

定理 3.5 Ω 是 $\mathbf{C}^n$ 中的有界光滑强拟凸区域, $\tilde{u} \in C^4(\Omega)\cap C^3(\bar{\Omega})$ 是边值问题 (3.12) 和 (3.13) 的多重下调和解, $\tilde{f}(z) \in C^2(\bar{\Omega})$, $\tilde{f} \geqslant \tilde{f}_0 > 0$, $\tilde{\phi} \in C^2(\partial\Omega)$, $\gamma_0 + 2\lambda_1 > 0$ 且 $\gamma_0 > 0$, 则

$$|\tilde{u}|_{2,\bar{\Omega}} \leqslant C_4, \tag{3.34}$$

其中 C_4 仅与 n, λ_1, γ_0, Ω, $|f|_{2,\bar{\Omega}}$, $|\phi(z)|_{2,\bar{\Omega}}$ 相关, 与 M_1 无关.

证明 在最大模估计和梯度估计存在的前提下, (3.34) 式等价于

$$|D^2\tilde{u}|_{0,\bar{\Omega}} \leqslant C. \tag{3.35}$$

$\tilde{u}$ 是次调和的, 进一步地, 可证 (3.35) 式等价于

$$D_{\xi\xi}\tilde{u}(z) \leqslant C, \quad 在\ \bar{\Omega} \times S^{2n-1}\ 上. \tag{3.36}$$

考虑辅助函数

$$W(z,\xi) = D_{\xi\xi}\tilde{u}(z) - V(z,\xi) + K_1|D\tilde{u}|^2 + \exp(K|z+w_0|^2), \tag{3.37}$$

其中 $|w_0| = |z|_{0,\bar{\Omega}} + 1$.

取 τ 为 z 点的切向量, ν 为 z 点的外法向量, 则

$$\xi = \langle\xi,\tau\rangle\tau + \langle\xi,\nu\rangle\nu, \quad \tau \in S^{2n-1}, \quad \langle\tau,\nu\rangle = 0,$$

通过下面的计算可知

$$V(z,\xi) = b(z) + a_k(z)D_k\tilde{u}(z),$$

其中 $b(z), a_k(z)$ 均为 Ω 上的光滑函数.

$V(z,\xi)$ 作为 (z,ξ) 的函数, 在 $\partial\Omega$ 上应满足

$$D_{\xi\xi}\tilde{u}(z) - V(z,\xi) = \langle\xi,\tau\rangle^2 D_{\tau\tau}\tilde{u}(z) + \langle\xi,\nu\rangle^2 D_{\nu\nu}\tilde{u}(z). \tag{3.38}$$

在 $\partial\Omega$ 上, 定义

$$V(z,\xi) = 2\langle\xi,\tau\rangle\langle\xi,\nu\rangle D_{\nu\tau}\tilde{u}(z). \tag{3.39}$$

取 $\hat{\xi} = \langle\xi,\tau\rangle\tau = \xi - \langle\xi,\nu\rangle\nu$, 其中 $\hat{\xi}_i$ 是向量 $\hat{\xi}$ 的第 i 个分量, 则在 $\partial\Omega$ 上有

$$\begin{aligned} V(z,\xi) =& 2\langle\xi,\nu\rangle\hat{\xi}_i D_i(D_\nu\tilde{u}) - 2\langle\xi,\nu\rangle\hat{\xi}_i(D_i\nu_k)D_k\tilde{u} \\ =& 2\langle\xi,\nu\rangle\hat{\xi}_i D_i(-\gamma_0\tilde{u}(z) + \tilde{\phi}(z)) - 2\langle\xi,\nu\rangle\hat{\xi}_i(D_i\nu_k)D_k\tilde{u} \\ =& -2\gamma_0\langle\xi,\nu\rangle\hat{\xi}_i D_i\tilde{u} + 2\langle\xi,\nu\rangle\hat{\xi}_i D_i\tilde{\phi}(z) - 2\langle\xi,\nu\rangle\hat{\xi}_i(D_i\nu_k)D_k\tilde{u}, \end{aligned}$$

取

$$b(z) = 2\langle\xi,\nu\rangle\hat{\xi}_i D_i\tilde{\phi}(z), \tag{3.40}$$

$$a_k(z) = -2\gamma_0\langle\xi,\nu\rangle\hat{\xi}_i - 2\langle\xi,\nu\rangle\hat{\xi}_i(D_i\nu_k), \tag{3.41}$$

则

$$V(z,\xi) = b(z) + a_k(z)D_k\tilde{u}(z), \quad 在\ \bar{\Omega}\times S^{2n-1}\ 上. \tag{3.42}$$

由 $V(z,\xi)$ 的表达式可知

$$W(z,\xi) = D_{\xi\xi}\tilde{u}(z) - (b + a_kD_k\tilde{u}) + K_1|D\tilde{u}|^2 + \exp(K|z+w_0|^2). \tag{3.43}$$

取算子 $\widetilde{L} = \widehat{F}^{i\bar{j}}\partial_{i\bar{j}}$, 其中 $\widehat{F}^{i\bar{j}} = \dfrac{1}{n}\hat{f}\tilde{u}^{i\bar{j}}$, $\hat{f} = \tilde{f}^{1/n}$, 取 K_1 和 K 足够大可证

$$\widetilde{L}W(z,\xi) \geqslant 0, \quad (z,\xi)\in\partial\Omega\times S^{2n-1}, \tag{3.44}$$

因此, $W(z,\xi)$ 只能在 $\partial\Omega\times S^{2n-1}$ 上取得极大值, 即 $(z_0,\xi_0)\in\partial\Omega\times S^{2n-1}$.

下面分三种情况讨论:

(a) 若 ξ_0 是边界上 z_0 处的外法向量, 则由定理 3.4 可知 $D_{\xi_0\xi_0}\tilde{u}\leqslant C$, 因此 $W(z_0,\xi_0)\leqslant C$, 从而可知

$$D_{\xi\xi}\tilde{u}(z)\leqslant C, \quad 在\ \bar{\Omega}\cap S^{2n-1}\ 上. \tag{3.45}$$

(b) 若 ξ_0 在 z_0 点既不是切向量也不是法向量, 则

$$\begin{aligned} W(z_0,\xi_0) &= \langle\xi_0,\tau\rangle^2W(z_0,\tau) + \langle\xi_0,\nu\rangle^2W(z_0,\nu) \\ &\leqslant \langle\xi_0,\tau\rangle^2W(z_0,\xi_0) + \langle\xi_0,\nu\rangle^2W(z_0,\nu), \end{aligned} \tag{3.46}$$

其中 $\xi_0 = \langle\xi_0,\tau\rangle\tau + \langle\xi_0,\nu\rangle\nu$ 且 $\langle\tau,\nu\rangle = 0$. 于是 $W(z_0,\xi_0)\leqslant W(z_0,\nu)\leqslant C$. 由 (a) 可知, (3.36) 式成立.

(c) 若 ξ_0 是边界上 z_0 点处的切向量, 则

$$\begin{aligned} 0 &\leqslant D_\nu W(z_0,\xi_0) \\ &= D_\nu D_{\xi_0\xi_0}\tilde{u}(z_0) - [(D_\nu a_k(z))D_k\tilde{u}(z) + a_k(z)D_\nu D_k\tilde{u}(z) + D_\nu b(z)]|_{z=z_0} \\ &\quad + [2D_\nu D_k\tilde{u}D_k\tilde{u} + D_\nu\exp(K|z+C_0|^2)]|_{z=z_0} \\ &\leqslant D_\nu D_{\xi_0\xi_0}\tilde{u}(z_0) + (2D_k\tilde{u} - a_k(z_0))D_\nu D_k\tilde{u}(z_0) + C. \end{aligned} \tag{3.47}$$

下面证明: 在 $\partial\Omega$ 上, $|D_\nu D_k\tilde{u}|\leqslant C$. 取 $\eta_k=(0,\cdots,1,\cdots,0)=\alpha_k\tau^k+\beta_k\nu$, $\tau^k\in S^{2n-1}$, $\langle\tau^k,\nu\rangle=0$, 其中 α_k 表示 η_k 沿 τ_k 方向的投影, β_k 表示 η_k 沿 ν 方向的投影,

$$
\begin{aligned}
D_\nu D_k\tilde{u}=&D_\nu(\alpha_k D_{\tau^k}\tilde{u}+\beta_k D_\nu\tilde{u})\\
=&D_\nu(\alpha_k)D_{\tau^k}\tilde{u}+\alpha_k D_\nu D_{\tau^k}\tilde{u}+(D_\nu\beta_k)D_\nu\tilde{u}+\beta_k D_{\nu\nu}\tilde{u}\\
=&D_\nu(\alpha_k)D_{\tau^k}\tilde{u}+\alpha_k(D_\nu\tau_j^k)D_j\tilde{u}+\alpha_k D_{\tau^k}D_\nu\tilde{u}\\
&+(D_\nu\beta_k)D_\nu\tilde{u}+\beta_k D_{\nu\nu}\tilde{u},
\end{aligned}\tag{3.48}
$$

则由边值条件 (3.13) 及引理 3.3 结论, 可知 $|D_\nu D_k\tilde{u}|\leqslant C$, 从而可得

$$
\begin{aligned}
0\leqslant& D_\nu D_{\xi_0\xi_0}\tilde{u}(z_0)+C\\
=&D_{\xi_0}D_\nu D_{\xi_0}\tilde{u}(z_0)-(D_{\xi_0}\nu_k)D_kD_{\xi_0}\tilde{u}(z_0)+C\\
=&D_{\xi_0\xi_0}D_\nu\tilde{u}(z_0)-D_{\xi_0}[(D_{\xi_0}\nu_k)D_k\tilde{u}]-(D_{\xi_0}D_\xi\nu_k)D_kD_{\xi_0}\tilde{u}(z_0)+C\\
=&D_{\xi_0\xi_0}(-\gamma_0\tilde{u}(z_0)+\tilde{\phi}(z_0))-(D_{\xi_0\xi_0}\nu_k)D_k\tilde{u}(z_0)\\
&-2(D_{\xi_0}\nu_k)D_kD_{\xi_0}\tilde{u}(z_0)+C\\
\leqslant&-\gamma_0D_{\xi_0\xi_0}\tilde{u}(z_0)+\tilde{\phi}_{\xi_0\xi_0}(z_0)-2(D_{\xi_0}\nu_k)D_kD_{\xi_0}\tilde{u}(z_0)+C\\
\leqslant&-\gamma_0D_{\xi_0\xi_0}\tilde{u}(z_0)-2(D_{\xi_0}\nu_k)D_kD_{\xi_0}\tilde{u}(z_0)+C.
\end{aligned}\tag{3.49}
$$

不失一般性, 假设 $z_0\in\partial\Omega$ 点处外法向量是 $(0,\cdots,0,1)$, 则

$$
\xi_0=(\xi_{01},\cdots,\xi_{02n-1},0)=(\tilde{\xi_0},0),\tag{3.50}
$$

由于 r 是 Ω 上的强多重下调和定义函数且在 $\partial\Omega$ 上 $|\nabla r|=1$, 所以 $H(z_0,r)\geqslant\lambda_1I_{2n-1}$ 且

$$
\begin{aligned}
&(D_{\xi_0}\nu_k)D_kD_{\xi_0}\tilde{u}(z_0)\\
=&\langle(\partial^2r/\partial t_k\partial t_l)\xi_0,DD_{\xi_0}\tilde{u}(z_0)\rangle
\end{aligned}
$$

$$=\langle H(z_0,r)\tilde{\xi_0}, D'D_{\xi_0}\tilde{u}(z_0)\rangle+\sum_{l=1}^{2n-1}\frac{\partial^2 r}{\partial t_{2n}\partial t_l}\xi_{0l}D_{2n}D_{\xi_0}\tilde{u}(z_0), \quad (3.51)$$

其中

$$\left|\sum_{l=1}^{2n-1}\frac{\partial^2 r}{\partial t_{2n}\partial t_l}\xi_{0l}D_{2n}D_{\xi_0}\tilde{u}(z_0)\right|\leqslant C.$$

取 $\mathbf{R}^{2n-1}$ 中的正交矩阵 U 满足

$$U^tH(z_0,r)U=\mathrm{diag}(\lambda_2,\cdots,\lambda_{2n}),\quad \lambda_2\leqslant\cdots\leqslant\lambda_{2n},$$

则 $\lambda_2\geqslant\lambda_1(z_0)\geqslant\lambda_1$, 于是

$$\begin{aligned}
&-2(D_{\xi_0}\nu_k)D_kD_{\xi_0}\tilde{u}(z_0)\\
=&-2\langle H(z_0,r)\tilde{\xi_0}, D'D_{\xi_0}\tilde{u}(z_0)\rangle-2\sum_{l=1}^{2n-1}\frac{\partial^2 r}{\partial t_{2n}\partial t_l}\xi_{0l}D_\nu D_{\xi_0}\tilde{u}(z_0)\\
=&-2(U^tH(z_0,r)UU^t\tilde{\xi_0}, U^tD'D_{\xi_0}\tilde{u})(z_0)-2\sum_{l=1}^{2n-1}\frac{\partial^2 r}{\partial t_{2n}\partial t_l}\xi_{0l}D_\nu D_{\xi_0}\tilde{u}(z_0)\\
=&-2\lambda_2D_{\xi_0\xi_0}\tilde{u}(z_0)-2\langle U^t(H(z_0,r)-\lambda_2(z_0)I_{2n-1})UU^t\xi_0, U^tD'D_{\xi_0}\tilde{u}\rangle\\
&-2\sum_{l=1}^{2n-1}\frac{\partial^2 r}{\partial t_{2n}\partial t_l}\xi_{0l}D_\nu D_{\xi_0}\tilde{u}(z_0). \qquad (3.52)
\end{aligned}$$

由于 $(H(z_0,r)-\lambda_2(z_0)I_{2n-1})$ 是非负定矩阵, 故

$$-2\langle(H(z_0,r)-\lambda_2(z_0)I_{2n-1})\xi_0, D'D_{\xi_0}\tilde{u}\rangle(z_0)\leqslant C$$

成立. 因此,

$$-2(D_{\xi_0}\nu_k)D_kD_{\xi_0}\tilde{u}(z_0)\leqslant-2\lambda_2D_{\xi_0\xi_0}\tilde{u}(z_0)+C. \qquad (3.53)$$

综合可得

$$0\leqslant-(\gamma_0+2\lambda_2(z_0))D_{\xi_0\xi_0}\tilde{u}(z_0)+C, \qquad (3.54)$$

故

$$D_{\xi_0\xi_0}\tilde{u}(z_0)\leqslant C/(\gamma_0+2\lambda_2(z_0))\leqslant 2C/(\gamma_0+2\lambda_1(z_0))\leqslant 2C/(\gamma_0+2\lambda_1), \qquad (3.55)$$

即 $D_{\xi_0\xi_0}\tilde{u}(z_0) \leqslant C$, 可得 $W(z_0,\xi_0) \leqslant C$.

由 (a) 中结论可知, (3.36) 式成立, 则定理得证.

注记 3.3 因为 $\tilde{u} = \dfrac{u}{M_1}$, 则由定理 3.5 结论可知, 原边值问题的解 u 满足

$$|D^2u| \leqslant C_5 M_1, \tag{3.56}$$

其中 C_5 仅与 n, λ_1, γ_0, Ω, $|f|_{2,\bar{\Omega}}$, $|\phi|_{2,\bar{\Omega}}$ 相关, 与 M_1 无关.

下面我们引入文献 [45] 中有关 Schauder 理论中插值不等式, 参见引理 6.35 如下.

引理 3.4[45] 假设 $j+\beta < k+\alpha$, 其中 $j=0,1,2,\cdots,k=1,2,\cdots,0\leqslant \alpha,\beta \leqslant 1$, Ω 是 $\mathbf{R}^n$ 中的 $C^{k,\alpha}$ 区域, 假设 $u\in C^{k,\alpha}(\bar{\Omega})$, 则对任意 $\varepsilon>0$ 及常数 $C=C(\varepsilon,j,k,\Omega)$ 使得

$$|u|_{j,\beta,\Omega} \leqslant C|u|_{0,\Omega} + \varepsilon|u|_{k,\alpha,\Omega}. \tag{3.57}$$

定理 3.6 Ω 是 $\mathbf{C}^n$ 中的有界光滑强拟凸域, $u\in C^4(\Omega)\cap C^3(\bar{\Omega})$ 是边值问题 (3.10) 和 (3.11) 的多重下调和解. $f\geqslant f_0>0, f\in C^2(\bar{\Omega}), \phi\in C^2(\partial\Omega)$, $\gamma_0+2\lambda_1>0$, $\gamma_0>0$, 则

$$|Du| \leqslant C, \quad \text{在 } \bar{\Omega} \text{ 上}, \tag{3.58}$$

其中 C 与 n, Ω, λ_1, γ_0, $|\phi|_{2,\bar{\Omega}}$, $|f|_{2,\bar{\Omega}}$ 相关.

证明 由注 3.3 及引理 3.4 结论, 利用插值不等式可知

$$\begin{aligned} |Du|_{0,\bar{\Omega}} &\leqslant C_6|u|_{0,\bar{\Omega}} + \varepsilon|D^2u|_{0,\bar{\Omega}} \\ &\leqslant C_6|u|_{0,\bar{\Omega}} + \varepsilon C_5|Du|_{0,\bar{\Omega}} \\ &\leqslant C_7 + C_5\varepsilon|Du|_{0,\bar{\Omega}}, \end{aligned} \tag{3.59}$$

取 $C_5\varepsilon \leqslant \dfrac{1}{2}$, 代入上式可得 $\dfrac{1}{2}|Du|_{0,\bar{\Omega}} \leqslant C_7$, 则 $|Du|_{0,\bar{\Omega}} \leqslant C_8$, 定理得证.

3.3 Hessian 型方程 Neumann 边值问题的梯度估计

3.3.1 引言

本节考虑如下带有 Neumann 边值条件的 Hessian 型方程:

$$\sigma_k(D^2u - A(x,u,Du)) = B(x,u), \quad \text{在 } \Omega \text{ 内}, \tag{3.60}$$

$$D_\gamma u = \varphi(x,u), \quad \text{在 } \partial\Omega \text{ 上}, \tag{3.61}$$

其中 Ω 是 $\mathbf{R}^n$ 中的有界区域且 $\partial\Omega \in C^4$, $Du = (u_{x_1}, u_{x_2}, \cdots, u_{x_n})$ 且 $D^2u = (D_{ij}u)_{n\times n}$, γ 是 $\bar{\Omega}$ 上的单位内法向量, $M_0 = \sup_{\bar{\Omega}} |u|$, B 为定义在 $\bar{\Omega}\times[-M_0, M_0]$ 上的函数, φ 为定义在 $\bar{\Omega}\times[-M_0, M_0]$ 上的函数, A 为 $n\times n$ 对称的矩阵值函数, 且 A, B, φ 满足如下结构性条件:

$$|B(x,z)| \geqslant L_0, \quad \text{在 } \bar{\Omega}\times[-M_0, M_0] \text{ 上}, \tag{3.62}$$

$$|B(x,z)| + |B_x(x,z)| + |B_z(x,z)| \leqslant L_1, \quad \text{在 } \bar{\Omega}\times[-M_0, M_0] \text{ 上}, \tag{3.63}$$

$$|\varphi(x,u)|_{C^3(\partial\Omega\times[-M_0,M_0])} \leqslant L_2, \tag{3.64}$$

$$|A(x,u,Du)| \leqslant \tilde{\mu}_0(1 + |Du|^{2-\varepsilon}), \tag{3.65}$$

$$|A_x(x,u,Du)| \leqslant C|A(x,u,Du)|^{\frac{3}{2}}, \tag{3.66}$$

$$|A_z(x,u,Du)| \leqslant C|A(x,u,Du)|, \tag{3.67}$$

$$|A_{p_l}(x,u,Du)| \leqslant C|A(x,u,Du)|^{\frac{1}{2}}, \tag{3.68}$$

其中 $\tilde{\mu}_0, L_0, L_1, L_2, \varepsilon, C$ 均为正常数, $0 < \varepsilon < 1$.

Hessian 型方程在微分几何、复分析、完全非线性偏微分方程理论中有着重要的理论意义和应用价值. 若 $A \equiv 0$, 则 Hessian 型方程 (3.60)

退化为标准的 Hessian 方程, 对于该方程 Dirichlet 边值问题解的适定性已有相当丰富的结论, 见文献 [38], [115], [122]. 如 2009 年, 汪徐家在文献 [122] 中将整体约化到边界, 并利用极值原理, 得到 Hessian 方程 Dirichlet 问题解的二阶导数估计. 而对于 Hessian 方程的斜边值问题, 研究成果较少. 仅 1995 年, J. Urbas 在文献 [117] 中得到二维 Hessian 方程斜边值问题解的二阶导数估计; 2001 年, J. Urbas 在文献 [119] 中得到高维 Hessian 方程斜边值问题解的二阶导数估计.

2014 年, 关波在文献 [50] 中得到 Riemann 流形上该类方程 Dirichlet 边值问题解的二阶导数估计. 2015 年, F. D. Jiang, N. S. Trudinger 和 X. P. Yang 在文献 [60] 中得到 Hessian 型方程 Dirichlet 边值问题解的二阶导数估计.

2014 年, 徐金菊在文献 [124] 中研究了如下 Hessian 方程 Neumann 问题:

$$\sigma_k(D^2u) = f(x,u), \quad \text{在 } \Omega \text{ 内}, \tag{3.69}$$

$$\frac{\partial u}{\partial \gamma} = \psi(x), \quad \text{在 } \partial\Omega \text{ 上}, \tag{3.70}$$

其中 Ω 是 $\mathbf{R}^n$ 中的有界区域且 $\partial\Omega \in C^3$, γ 是 $\partial\Omega$ 上的单位内法向量, f, ψ 分别为定义在 $\bar{\Omega} \times [-M_0, M_0]$ 和 $\bar{\Omega}$ 上给定的函数, $M_0 = \sup_{\bar{\Omega}} |u|$. 徐金菊通过构造辅助函数, 利用基本对称函数的性质以及函数在极大值点的性质, 分别讨论了梯度内估计、近边梯度估计以及边界梯度估计, 从而得到解的全局梯度估计.

本节中, 我们将文献 [124] 中的方法推广到 Hessian 型方程的 Neumann 边值问题. 通过构造辅助函数, 利用基本对称函数的性质以及函数在极大值点的性质, 得到 Hessian 型方程 $\sigma_k(D^2u - A(x,u,Du)) = B(x,u)$ 的梯度内估计, 构造不同的辅助函数, 分近边、边界和内部三种情形讨论该方程 Neumann 边值问题, 进而得到全局梯度估计.

本节由以下几个部分构成: 先介绍后面证明所需的记号并给出 Hessian 型方程 (3.60) 梯度内估计的详细证明; 然后, 分边界、近边以及内部三种情况得到 Hessian 型方程 (3.60) Neumann 边值问题解的全局梯度估计.

下面给出本节的主要结论.

定理 3.7 设 $u \in C^2(\bar{\Omega}) \cap C^3(\Omega)$ 为问题 (3.60) 和 (3.61) 的 k-阶容许解, 且 B 满足结构性条件 (3.62) 和 (3.63), φ 满足结构性条件 (3.64), A 满足结构性条件 (3.65)—(3.68), 则存在小的正常数 μ_0, 使得

$$\sup_{\bar{\Omega}_{\mu_0}} |Du| \leqslant C, \tag{3.71}$$

其中 C 为正的常数依赖于 $n, \Omega, L_0, L_1, L_2, M_0, \varepsilon, \tilde{\mu}_0$.

进一步地, 结合定理 3.7 以及该类方程的梯度内估计, 我们有该方程的全局梯度估计.

定理 3.8 设 $u \in C^2(\bar{\Omega}) \cap C^3(\Omega)$ 为问题 (3.60) 和 (3.61) 的 k-阶容许解, 且 B 满足结构性条件 (3.62) 和 (3.63), φ 满足结构性条件 (3.64), A 满足结构性条件 (3.65)—(3.68), 则

$$\sup_{\bar{\Omega}} |Du| \leqslant \bar{C}, \tag{3.72}$$

其中 $\bar{C}$ 为正的常数依赖于 $n, \Omega, L_0, L_1, L_2, M_0, \varepsilon$.

接着, 我们引入一些记号以及基本对称函数的定义和一些性质, 也可以见文献 [51]. 接下来给出 Hessian 型方程梯度内估计的详细证明.

首先引入一些记号.

设 Ω 是 $\mathbf{R}^n$ 中的有界区域且 $\partial\Omega \in C^4$. 令 $d(x) = \mathrm{dist}(x, \partial\Omega)$, $\Omega_\mu = \{x \in \Omega : d(x) < \mu\}$, 则存在常数 $\mu_1 > 0$ 使得 $d(x) \in C^4(\bar{\Omega}_{\mu_1})$. 正

如文献 [80] 中第 331 页提到, 在 Ω_{μ_1} 内, 可取 $\gamma = Dd$, 并且 γ 是一个 $C^3(\bar{\Omega}_{\mu_1})$ 单位向量场, 且具有以下性质:

$$|D\gamma| + |D^2\gamma| \leqslant C(n, \Omega), \quad \text{在 } \Omega_{\mu_1} \text{ 内}, \tag{3.73}$$

在 Ω_{μ_1} 内, 记

$$c^{ij} = \delta_{ij} - \gamma^i\gamma^j, \tag{3.74}$$

梯度 Du 的切向量记为 $D'u$, 则

$$|D'u|^2 = \sum_{1\leqslant i,j\leqslant n} c^{ij}u_iu_j. \tag{3.75}$$

下面介绍基本对称函数的定义以及性质.

定义 3.1　对 $k = 1, 2, \cdots, n$, 定义 k 阶基本对称函数如下:

$$\sigma_k(\lambda) = \sum_{1\leqslant i_1<i_2<\cdots<i_k\leqslant n} \lambda_{i_1}\lambda_{i_2}\cdots\lambda_{i_k}, \quad \forall\ \lambda = (\lambda_1, \cdots, \lambda_n) \in \mathbf{R}^n. \tag{3.76}$$

基本对称函数的定义的定义域也可以推广到对称矩阵.

定义 3.2　设 W 为 $n\times n$ 对称矩阵. 对 $k = 1, 2, \cdots, n$, 定义

$$\sigma_k(W) = \sigma_k(\lambda(W)) = \sum_{1\leqslant i_1<i_2<\cdots<\ i_k\leqslant n} \lambda_{i_1}\lambda_{i_2}\cdots\lambda_{i_k}, \tag{3.77}$$

其中 $\lambda(W) = (\lambda_1(W), \lambda_2(W), \cdots, \lambda_n(W))$ 为矩阵 W 的特征值, 即 (3.77) 为矩阵 W 的所有 k 阶主子式的和.

定义 3.3　若 $\lambda(D^2u) \in \Gamma_k$, $x \in \Omega$, 则函数 $u \in C^2(\Omega) \cap C^0(\bar{\Omega})$ 称为 k-阶容许解.

性质 3.1　设 $\lambda \in \Gamma_k = \{\lambda \in \mathbf{R}^n : S_i > 0, \forall 1 \leqslant i \leqslant k\}$, $k \in \{1, 2, \cdots, n\}$, 则有

$$\sum_{i=1}^{n} \frac{\partial\sigma_k^{\frac{1}{k}}(\lambda)}{\partial\lambda_i} \geqslant (\mathrm{C}_n^k)^{\frac{1}{k}}. \tag{3.78}$$

详细证明参见文献 [122], 此节中我们省略.

3.3.2 Hessian 型方程的梯度内估计

本小节利用文献 [38] 中的辅助函数及方法, 将 Hessian 方程的梯度内估计推广到 Hessian 型方程.

引理 3.5 设 Ω 是 $\mathbf{R}^n$ 中的有界区域, $u \in C^3(\Omega)$ 为 Hessian 型方程 (3.60) 的 k-阶容许解, $B > 0$ 且满足结构性条件 (3.62) 和 (3.63), 对任一区域 $\Omega' \subset \Omega$, 则有

$$\sup_{\bar{\Omega}'} |Du| \leqslant M_1, \tag{3.79}$$

其中 M_1 为正常数依赖于 $n, \Omega, L_0, L_1, \tilde{\mu}_0, M_0, \mathrm{dist}(\Omega', \partial\Omega), \varepsilon$.

证明 不妨设 $\Omega = B_r(0)$. 令

$$\tilde{H}(x,\xi) = u_\xi(x)\tilde{\varphi}(u)\rho(x), \tag{3.80}$$

其中

$$\rho(x) = \left(1 - \frac{|x|^2}{r^2}\right)^+, \quad \tilde{\varphi}(u) = \frac{1}{(4M_0 - u)^{\frac{1}{2}}}.$$

假设 $\tilde{H}(x,\xi)$ 在点 $x = x_0$, $\xi = e_1$ 处取得极大值. 在 x_0 点选择标准坐标系, 不妨设 $u_i(x_0) = 0$, $2 \leqslant i \leqslant n$, $u_1 = |Du| > 0$, 见文献 [38], 则在点 x_0 处, 有

$$0 = \tilde{H}_i(x,\xi) = u_{1i}\tilde{\varphi}\rho + u_1 u_i \tilde{\varphi}'\rho + u_1\tilde{\varphi}\rho_i, \tag{3.81}$$

则有

$$u_{1i} = -\frac{u_1}{\tilde{\varphi}\rho}(u_i\tilde{\varphi}'\rho + \tilde{\varphi}\rho_i). \tag{3.82}$$

计算可得

$$\begin{aligned}\tilde{H}_{ij} =& u_{1ij}\tilde{\varphi}\rho + u_{1i}\tilde{\varphi}'\rho u_j + u_{1i}\tilde{\varphi}\rho_j + u_{1j}u_i\tilde{\varphi}'\rho + u_1 u_{ij}\tilde{\varphi}'\rho + u_1 u_i \tilde{\varphi}''\rho u_j \\ &+ u_1 u_i \tilde{\varphi}'\rho_j + u_{1j}\tilde{\varphi}\rho_i + u_1\tilde{\varphi}'\rho_i u_j + u_1\tilde{\varphi}\rho_{ij} \\ =& u_{1ij}\tilde{\varphi}\rho + u_1 u_{ij}\tilde{\varphi}'\rho + u_1 u_i u_j \tilde{\varphi}''\rho + u_1\tilde{\varphi}\rho_{ij} + (u_{1i}u_j + u_{1j}u_i)\tilde{\varphi}'\rho \\ &+ \tilde{\varphi}(u_{1i}\rho_j + u_{1j}\rho_i) + u_1\tilde{\varphi}'(u_i\rho_j + u_j\rho_i),\end{aligned} \tag{3.83}$$

由 $\tilde{H}$ 在 (x_0, e_1) 处取得极大值, 则矩阵 $\{\tilde{H}_{ij}\}_{n\times n}$ 是非正定的. 对方程 (3.60) 求导, 则有

$$S^{ij}(u_{ij1} - \nabla_1 A_{ij}) = \nabla_1 B, \tag{3.84}$$

其中 $S^{ij} = \dfrac{\partial \sigma_k(D^2 u - A(x,u,Du))}{\partial S_{ij}}$ 和 $S_{ij} = u_{ij} - A_{ij}$, 并且

$$S^{ij}S_{ij} = kB. \tag{3.85}$$

计算可得

$$\begin{aligned}
0 \geqslant & S^{ij}\tilde{H}_{ij} \\
= & S^{ij}u_{1ij}\tilde{\varphi}\rho + S^{ij}u_1 u_{ij}\tilde{\varphi}'\rho + S^{ij}u_1 u_i u_j \tilde{\varphi}''\rho \\
& + S^{ij}u_1\tilde{\varphi}\rho_{ij} + S^{ij}(u_{1i}u_j + u_{1j}u_i)\tilde{\varphi}'\rho \\
& + S^{ij}\tilde{\varphi}(u_{1i}\rho_j + u_{1j}\rho_i) + S^{ij}u_1\tilde{\varphi}'(u_i\rho_j + u_j\rho_i) \\
= & S^{ij}u_{1ij}\tilde{\varphi}\rho + S^{ij}u_1 u_{ij}\tilde{\varphi}'\rho + S^{ij}u_1 u_i u_j\tilde{\varphi}''\rho + S^{ij}u_1\tilde{\varphi}\rho_{ij} \\
& + 2S^{ij}u_{1i}u_j\tilde{\varphi}'\rho + 2S^{ij}\tilde{\varphi}u_{1i}\rho_j + 2S^{ij}u_1\tilde{\varphi}'u_i\rho_j \\
= & \nabla_1 B\tilde{\varphi}\rho + ku_1 B\tilde{\varphi}'\rho + u_1 S^{ij}u_i u_j\tilde{\varphi}''\rho + S^{ij}u_1\tilde{\varphi}\rho_{ij} + 2u_1 S^{ij}\tilde{\varphi}'u_i\rho_j \\
& + 2S^{ij}u_{1i}(u_j\tilde{\varphi}'\rho + \tilde{\varphi}\rho_j) + S^{ij}\nabla_1 A_{ij}\tilde{\varphi}\rho + S^{ij}A_{ij}u_1\tilde{\varphi}'\rho \\
= & \nabla_1 B\tilde{\varphi}\rho + ku_1 B\tilde{\varphi}'\rho + u_1 S^{ij}u_i u_j\tilde{\varphi}''\rho + S^{ij}u_1\tilde{\varphi}\rho_{ij} + 2u_1 S^{ij}\tilde{\varphi}'u_i\rho_j \\
& + 2S^{ij}\left(-\frac{u_1}{\tilde{\varphi}\rho}\right)(u_i\tilde{\varphi}'\rho + \tilde{\varphi}\rho_i)(u_j\tilde{\varphi}'\rho + \tilde{\varphi}\rho_j) + S^{ij}\tilde{\varphi}\rho(A_{ij,x_1} + A_{ij,z}u_1) \\
& + S^{ij}\tilde{\varphi}\rho A_{ij,p_l}\left(-\frac{u_1}{\tilde{\varphi}\rho}\right)(u_l\tilde{\varphi}'\rho + \tilde{\varphi}\rho_l) + S^{ij}A_{ij}u_1\tilde{\varphi}'\rho \\
= & \nabla_1 B\tilde{\varphi}\rho + ku_1 B\tilde{\varphi}'\rho + u_1 S^{ij}u_i u_j\left(\tilde{\varphi}'' - \frac{2\tilde{\varphi}'^2}{\tilde{\varphi}}\right)\rho + S^{ij}u_1\tilde{\varphi}\rho_{ij} \\
& - 2S^{ij}u_1\rho_i u_j\tilde{\varphi}' - \frac{2u_1\tilde{\varphi}}{\rho}S^{ij}\rho_i\rho_j + S^{ij}\tilde{\varphi}\rho(A_{ij,x_1} + A_{ij,z}u_1) \\
& + S^{ij}\tilde{\varphi}\rho A_{ij,p_l}\left(-\frac{u_1}{\tilde{\varphi}\rho}\right)(u_l\tilde{\varphi}'\rho + \tilde{\varphi}\rho_l) + S^{ij}A_{ij}u_1\tilde{\varphi}'\rho,
\end{aligned} \tag{3.86}$$

其中第三个等号利用 (3.84) 和 (3.85), 第四个等号利用 (3.82).

由 $\tilde{\varphi}$ 的选取, 可得

$$\tilde{\varphi}'' - \frac{2\tilde{\varphi}'^2}{\tilde{\varphi}} \geqslant \frac{1}{972}M_0^{-\frac{5}{2}}, \tag{3.87}$$

并且将 (3.86) 两边同时乘以 $M_0^{\frac{5}{2}}$, 又由于 $\tilde{\varphi}' > 0$, 则有

$$\begin{aligned}
0 \geqslant & \nabla_1 B\tilde{\varphi}\rho M_0^{\frac{5}{2}} + \frac{1}{972}\rho S^{11}u_1^3 - C_1 u_1^2 F + S^{ij}\tilde{\varphi}\rho(A_{ij,x_1} + A_{ij,z}u_1) \\
& + S^{ij}\tilde{\varphi}\rho A_{ij,p_l}\left(-\frac{u_1}{\tilde{\varphi}\rho}\right)(u_l\tilde{\varphi}'\rho + \tilde{\varphi}\rho_l) + S^{ij}A_{ij}u_1\tilde{\varphi}'\rho \\
\geqslant & \nabla_1 B\tilde{\varphi}\rho M_0^{\frac{5}{2}} + \frac{1}{972}\rho S^{11}u_1^3 \\
& - C_1 u_1^2 F - C_2 F(|A(x,u,Du)|^{\frac{3}{2}} + |A(x,u,Du)|u_1) \\
& - C_3 F|A(x,u,Du)|^{\frac{1}{2}}\left|\left(-\frac{u_1}{\tilde{\varphi}\rho}\right)(u_l\tilde{\varphi}'\rho + \tilde{\varphi}\rho_l)\right| - C_4 F|A(x,u,Du)|u_1 \\
\geqslant & \frac{1}{972}\rho S^{11}u_1^3 - C_5 F u_1^{3-\frac{\varepsilon}{2}},
\end{aligned} \tag{3.88}$$

其中第二个不等号利用 (3.66)—(3.68), 第三个不等号利用 (3.65), $F = \sum S^{ii}$. 而且 C_1, C_2, C_3, C_4 均为正常数依赖于 $M_0, n, \Omega, \mathrm{dist}(\Omega', \partial\Omega)$, C_5 为正常数依赖于 $M_0, n, \Omega, \mathrm{dist}(\Omega', \partial\Omega)$, $\tilde{\mu}_0, \varepsilon, L_0, L_1$.

不妨设 $\dfrac{\tilde{\varphi}'}{4\tilde{\varphi}}u_1^2 \geqslant \left|\dfrac{\rho_1}{\rho}u_1\right|$ 且 $\dfrac{\tilde{\varphi}'}{4\tilde{\varphi}}u_1^2 \geqslant \tilde{\mu}_0(1 + (u_1)^{2-\varepsilon}) \geqslant A_{11}$, 否则可以得到估计. 由该假设以及 (3.82) 可知

$$\begin{aligned}
u_{11} - A_{11} &= -\frac{\tilde{\varphi}'}{\tilde{\varphi}}u_1^2 - \frac{\rho_1}{\rho}u_1 - A_{11} \\
&= -\frac{\tilde{\varphi}'}{2\tilde{\varphi}}u_1^2 - \frac{\tilde{\varphi}'}{4\tilde{\varphi}}u_1^2 - \frac{\rho_1}{\rho}u_1 - \frac{\tilde{\varphi}'}{4\tilde{\varphi}}u_1^2 - A_{11} \\
&\leqslant -\frac{\tilde{\varphi}'}{2\tilde{\varphi}}u_1^2 \\
&< 0.
\end{aligned} \tag{3.89}$$

参见文献 [38], 利用基本对称函数的性质, 有

$$S^{11} \geqslant \frac{F}{n-k+1}. \tag{3.90}$$

由 (3.88) 可知

$$u_1(x_0) \leqslant C_6, \tag{3.91}$$

其中 C_6 为正常数依赖于 $n, \Omega, L_0, L_1, M_0, \operatorname{dist}(\Omega', \partial\Omega), \varepsilon, \tilde{\mu}_0$.

因此, 则有

$$|Du|(x) \leqslant C_7, \quad x \in \bar{\Omega}', \tag{3.92}$$

其中 C_7 为正常数依赖于 $n, \Omega, L_0, L_1, M_0, \operatorname{dist}(\Omega', \partial\Omega), \varepsilon, \tilde{\mu}_0$.

3.3.3 Hessian 型方程 Neumann 边值问题解的全局梯度估计

本小节利用文献 [124] 中的辅助函数, 并利用函数在极大值点的性质, 得到 Hessian 型方程 Neumann 边值问题解的全局梯度估计.

由命题 2.1 及 (3.62) 式, 可得

$$F \geqslant k(\mathrm{C}_n^k)^{\frac{1}{k}} B^{1-\frac{1}{k}} \geqslant \tilde{C}_1, \tag{3.93}$$

其中 $\tilde{C}_1$ 依赖于 n, k, L_0.

令$\tilde{G}(x) = |Dv|^2 \dfrac{1}{1+4M_0-u} e^{\alpha_0 d}$, 其中 $v(x) = u(x) - \varphi(x,u)d$, $\alpha_0 = |\varphi| + \tilde{C}_2 + 1$, 其中 $\tilde{C}_2$ 为正常数依赖于 n, Ω. 取 $\psi(x) = \log \tilde{G}(x) = \log |Dv|^2 + H(u) + G(d)$, 其中

$$H(u) = -\log(1+4M_0-u), \quad G(d) = \alpha_0 d. \tag{3.94}$$

设 $\psi(x)$ 在 x_0 点达到极大值, 且以下所有的计算均在 x_0 点进行. 下面分三种情况证明定理 3.7.

情形一: 若 $x_0 \in \partial\Omega$, 我们将证明 $|Du|(x_0)$ 有界.

对 ψ 沿法向求导, 得

$$D_\gamma\psi=\frac{1}{|Dv|^2}\sum_{1\leqslant i\leqslant n}(|Dv|^2)_i\gamma^i+H'D_\gamma u+G',\tag{3.95}$$

因为, 在 $\bar{\Omega}$ 上有

$$\begin{aligned}&v_i=u_i-D_i\varphi d-\varphi\gamma^i=u_i-\varphi\gamma^i,\\&D_\gamma v=D_\gamma u-dD_\gamma\varphi-\varphi=D_\gamma u-\varphi=0,\\&|Dv|^2=|D'v|^2+(D_\gamma v)^2,\end{aligned}\tag{3.96}$$

所以,

$$(|Dv|^2)_i=(|D'v|^2)_i+(D_\gamma v)_i^2=(|D'v|^2)_i,\tag{3.97}$$

因此, 由 (3.74), (3.75), (3.97) 可得

$$\begin{aligned}\sum_{1\leqslant i\leqslant n}(|Dv|^2)_i\gamma^i&=\sum_{1\leqslant i\leqslant n}(|D'v|^2)_i\gamma^i\\&=\sum_{1\leqslant i,k,l\leqslant n}(c^{kl}v_kv_l)_i\gamma^i\\&=\sum_{1\leqslant i,k,l\leqslant n}(c^{kl})_iv_kv_l\gamma^i+2\sum_{1\leqslant i,k,l\leqslant n}c^{kl}v_{ki}v_l\gamma^i\\&=2\sum_{1\leqslant i,k,l\leqslant n}c^{kl}v_{ki}v_l\gamma^i\\&=2\sum_{1\leqslant i,k,l\leqslant n}c^{kl}(u_i-\varphi\gamma^i)_k(u_l-\varphi\gamma^l)\\&=2\sum_{1\leqslant i,k,l\leqslant n}c^{kl}u_{ki}u_l\gamma^i-2\sum_{1\leqslant k,l\leqslant n}c^{kl}u_lD_k\varphi,\end{aligned}\tag{3.98}$$

其中 $D_k\varphi=\varphi_{x_k}+\varphi_zu_k$.

对边界条件 (3.61) 关于切向求导有

$$\sum_{1\leqslant k\leqslant n}c^{kl}(D_\gamma u)_k=\sum_{1\leqslant k\leqslant n}c^{kl}D_k\varphi,\tag{3.99}$$

所以,

$$\sum_{1\leqslant i,k\leqslant n} c^{kl}u_{ki}\gamma^i = -\sum_{1\leqslant i,k\leqslant n} c^{kl}u_i(\gamma^i)_k + \sum_{1\leqslant k\leqslant n} c^{kl}D_k\varphi, \tag{3.100}$$

则

$$\begin{aligned}|Dv|^2D_\gamma\psi(x_0) &= |Dv|^2(H'\varphi+G') + \sum_{1\leqslant i\leqslant n}(|Dv|^2)_i\gamma^i \\ &= (H'\varphi+G')|Dv|^2 - 2\sum_{1\leqslant i,k,l\leqslant n} c^{kl}u_iu_l(\gamma^i)_k \\ &\geqslant \left(\alpha_0 - \frac{|\varphi|}{1+3M_0}\right)|Dv|^2 - 2\sum_{1\leqslant i,k,l\leqslant n} c^{kl}u_iu_l(\gamma^i)_k \\ &\geqslant \left(\alpha_0 - \frac{|\varphi|}{1+3M_0}\right)|Dv|^2 - \tilde{C}_1|Du|^2, \end{aligned} \tag{3.101}$$

其中第一个等号利用 (3.61) 和 (3.95), 第二个等号利用 (3.98) 和 (3.100), 第一个不等号利用 (3.94), $\tilde{C}_1$ 为正常数依赖于 n, Ω.

因为 $v(x) = u(x) - \varphi(x,u)d$, 不妨设 $|Du|^2 \geqslant 2|\varphi|^2, |Dv|^2 \geqslant |\varphi|^2$, 否则 $|Du|^2$ 有界. 因此不妨设

$$2|\varphi|^2 \leqslant |Du|^2 \leqslant 4|Dv|^2. \tag{3.102}$$

将 (3.102) 代入 (3.101) 的最后一个不等式得

$$|Dv|^2D_\gamma\psi(x_0) \geqslant (\alpha_0 - |\varphi| - \tilde{C}_2)|Dv|^2 \geqslant |Dv|^2 > 0, \tag{3.103}$$

其中 $\tilde{C}_2$ 为正常数依赖于 n, Ω.

另一方面, ψ 在 x_0 点取得极大值, 可得

$$D_\gamma\psi(x_0) \leqslant 0, \tag{3.104}$$

矛盾.

因此

$$|Du|(x_0) \leqslant \tilde{C}_3, \tag{3.105}$$

其中 $\tilde{C}_3$ 为正常数依赖于 L_2, Ω, n.

情形二: $x_0 \in \Omega_{\mu_0}$, 我们证明 $|Du|(x_0)$ 有界.

在 x_0 点选择标准坐标系, 不妨设 $v_i(x_0) = 0, 2 \leqslant i \leqslant n, v_1(x_0) = |Dv| > 0$. 因为 $v(x) = u(x) - \varphi(x,u)d$, 不妨设 $|Du|^2 \geqslant |(d\varphi)_k|^2$, $|Dv|^2 \geqslant |\varphi_i d + \varphi\gamma^i|^2$, 否则 $|Du|^2$ 有界. 计算可得

$$v_k = u_k - (d\varphi)_k = u_k - (\varphi_k + \varphi_z u_k)d - \varphi\gamma^k, \tag{3.106}$$

则

$$|Dv|^2 = |Du|^2 - 2\sum_{1\leqslant k\leqslant n} u_k(d\varphi)_k + \sum_{1\leqslant k\leqslant n} |(d\varphi)_k|^2 \leqslant \bar{C}_1|Du|^2, \tag{3.107}$$

其中 $\bar{C}_1$ 为正常数依赖于 L_2, Ω, n, 且由 $u_i = v_i + (\varphi_i + \varphi_z u_i)d + \varphi\gamma^i$ 可知, $u_i(1 - \varphi_z d) = v_i + \varphi_i d + \varphi\gamma^i$, 令 $\mu_0 \leqslant \dfrac{1}{2L_2 + 2}$, 则有

$$|Du|^2(1 - \varphi_z d)^2 = \sum_{1\leqslant k\leqslant n} (v_i + \varphi_i d + \varphi\gamma^i)^2 \leqslant \bar{C}_2|Dv|^2, \tag{3.108}$$

其中 $\bar{C}_2$ 为正常数依赖于 L_2, Ω, n, 则有

$$|Du|^2 \leqslant \bar{C}_3|Dv|^2, \tag{3.109}$$

因此,

$$\frac{1}{\bar{C}_4}|Dv|^2 \leqslant |Du|^2 \leqslant \bar{C}_4|Dv|^2, \tag{3.110}$$

其中 $\bar{C}_3$ 和 $\bar{C}_4$ 均为正常数依赖于 n, Ω, L_2.

首先对 ψ 微分一次, 可得

$$\psi_i = \frac{(|Dv|^2)_i}{|Dv|^2} + H'u_i + G'\gamma^i, \tag{3.111}$$

由 $\psi_i = 0$, 可得

$$(|Dv|^2)_i = -|Dv|^2(H'u_i + G'\gamma^i), \tag{3.112}$$

从而可得

$$v_{1i} = -\frac{H'}{2}u_i v_1 - \frac{G'\gamma^i}{2}v_1. \tag{3.113}$$

又因为

$$v_{1i} = u_{1i} - (\varphi d)_{1i}, \tag{3.114}$$

所以

$$u_{1i} = -\frac{H'}{2}u_i v_1 - \frac{G'\gamma^i}{2}v_1 + (\varphi d)_{1i}. \tag{3.115}$$

特别地, 当 $i = 1$ 时,

$$u_{11} = -\frac{H'}{2}u_1 v_1 - \frac{G'\gamma^1}{2}v_1 + (\varphi d)_{11}. \tag{3.116}$$

因此,

$$\begin{aligned}(1-\varphi_z d)u_{11} = & -\frac{H'}{2}u_1 v_1 - \frac{G'\gamma^1}{2}v_1 + (\varphi_{11} + 2\varphi_{1z}u_1 + \varphi_{zz}u_1^2)d \\ & + 2(\varphi_1 + \varphi_z u_1)\gamma^1 + \varphi(\gamma^1)_1. \end{aligned} \tag{3.117}$$

因此, 由 (3.117) 可得

$$\begin{aligned} & u_{11} - A_{11} \\ = & \frac{1}{(1-\varphi_z d)}\Big\{ -\frac{H'}{2}u_1 v_1 - \frac{G'\gamma^1}{2}v_1 + (\varphi_{11} + 2\varphi_{1z}u_1 + \varphi_{zz}u_1^2)d \\ & + 2(\varphi_1 + \varphi_z u_1)\gamma^1 + \varphi(\gamma^1)_1 - (1-\varphi_z d)A_{11}\Big\} \\ \leqslant & \frac{1}{(1-\varphi_z d)}\Big\{ -\frac{1}{2(1+5M_0)}u_1 v_1 - \frac{G'\gamma^1}{2}v_1 \\ & + (\varphi_{11} + 2\varphi_{1z}u_1 + \varphi_{zz}u_1^2)d \\ & + 2(\varphi_1 + \varphi_z u_1)\gamma^1 + \varphi(\gamma^1)_1 - (1-\varphi_z d)A_{11}\Big\} \end{aligned}$$

$$
\begin{aligned}
&=\frac{1}{(1-\varphi_z d)}\left\{-\frac{1}{2(1+5M_0)}u_1^2+\frac{1}{2(1+5M_0)}\varphi_z u_1^2 d\right.\\
&\quad+\frac{1}{2(1+5M_0)}\varphi_1 d u_1+\frac{1}{2(1+5M_0)}\varphi\gamma^1 u_1-\frac{G'\gamma^1}{2}(1-\varphi_z d)u_1\\
&\quad+\frac{G'\gamma^1}{2}\varphi_1 d+\frac{G'\gamma^1}{2}\varphi\gamma^1+\varphi_{zz}du_1^2+\varphi_{11}d+2\varphi_{1z}u_1 d\\
&\quad\left.+2\varphi_1\gamma^1+2\varphi_z\gamma^1 u_1+\varphi(\gamma^1)_1-(1-\varphi_z d)A_{11}\right\}\\
&\leqslant\frac{1}{(1-\varphi_z d)}\left\{-\frac{1}{4(1+5M_0)}u_1^2+\varphi_{zz}du_1^2+\frac{1}{2(1+5M_0)}\varphi_1 d u_1\right.\\
&\quad+\frac{1}{2(1+5M_0)}\varphi\gamma^1 u_1-\frac{G'\gamma^1}{2}(1-\varphi_z d)u_1+\frac{G'\gamma^1}{2}\varphi_1 d+\frac{G'\gamma^1}{2}\varphi\gamma^1\\
&\quad\left.+\varphi_{11}d+2\varphi_{1z}u_1 d+2\varphi_1\gamma^1+2\varphi_z\gamma^1 u_1+\varphi(\gamma^1)_1-(1-\varphi_z d)A_{11}\right\}\\
&\leqslant\frac{1}{(1-\varphi_z d)}\left\{-\frac{1}{8(1+5M_0)}u_1^2+\frac{1}{2(1+5M_0)}\varphi_1 d u_1\right.\\
&\quad+\frac{1}{2(1+5M_0)}\varphi\gamma^1 u_1-\frac{G'\gamma^1}{2}(1-\varphi_z d)u_1+\frac{G'\gamma^1}{2}\varphi_1 d+\frac{G'\gamma^1}{2}\varphi\gamma^1\\
&\quad\left.+\varphi_{11}d+2\varphi_{1z}u_1 d+2\varphi_1\gamma^1+2\varphi_z\gamma^1 u_1+\varphi(\gamma^1)_1-(1-\varphi_z d)A_{11}\right\}\\
&=\frac{1}{(1-\varphi_z d)}\left\{-\frac{1}{32(1+5M_0)}u_1^2-\frac{1}{32(1+5M_0)}u_1^2+\left[\frac{1}{2(1+5M_0)}\varphi_1 d\right.\right.\\
&\quad\left.+\frac{1}{2(1+5M_0)}\varphi\gamma^1-\frac{G'\gamma^1}{2}(1-\varphi_z d)+2\varphi_{1z}d+2\varphi_z\gamma^1\right]u_1\\
&\quad-\frac{1}{32(1+5M_0)}u_1^2+\frac{G'\gamma^1}{2}\varphi_1 d+\frac{G'\gamma^1}{2}\varphi\gamma^1+\varphi_{11}d+2\varphi_1\gamma^1+\varphi(\gamma^1)_1\\
&\quad\left.-\frac{1}{32(1+5M_0)}u_1^2-(1-\varphi_z d)A_{11}\right\}. \qquad (3.118)
\end{aligned}
$$

由 (3.94) 可知第一个不等号成立, 由 $v_1=u_1-(d\varphi)_1$ 可知第二个等号成立, 由 $\mu_0\leqslant\dfrac{1}{2L_2+2}$ 可知第二个不等号成立, 令 $\mu_0\leqslant\dfrac{1}{8(1+5M_0)(L_2+1)}$ 使得第三个不等号成立. 因此, 可取

$$\mu_0 \leqslant \min\left\{\frac{1}{2L_2+2}, \frac{1}{8(1+5M_0)(L_2+1)}\right\}. \tag{3.119}$$

不妨设

$$\begin{aligned}
&(1)\ \frac{1}{32(1+5M_0)}u_1^2 \geqslant \left|\left[\frac{1}{2(1+5M_0)}\varphi_1 d + \frac{1}{2(1+5M_0)}\varphi\gamma^1\right.\right.\\
&\qquad\qquad \left.\left. -\frac{G'\gamma^1}{2}(1-\varphi_z d) + 2\varphi_{1z}d + 2\varphi_z\gamma^1\right]u_1\right|,\\
&(2)\ \frac{1}{32(1+5M_0)}u_1^2 \geqslant \left|\frac{G'\gamma^1}{2}\varphi_1 d + \frac{G'\gamma^1}{2}\varphi\gamma^1 + \varphi_{11}d\right.\\
&\qquad\qquad \left. +2\varphi_1\gamma^1 + \varphi(\gamma^1)_1\right|,\\
&(3)\ \frac{1}{32(1+5M_0)}u_1^2 \geqslant |(1-\varphi_z d)\tilde{\mu}_0(1+(\bar{C}_5 u_1)^{2-\varepsilon})|\\
&\qquad\qquad \geqslant |(1-\varphi_z d)A_{11}|
\end{aligned} \tag{3.120}$$

成立, 否则可得到估计, 其中 $\bar{C}_5$ 为正常数依赖于 n, Ω, L_2.

因此, 由 (1)—(3) 可知

$$u_{11} - A_{11} \leqslant -\frac{1}{32(1+5M_0)}u_1^2 < 0, \tag{3.121}$$

由上式可得

$$F \geqslant S^{11} \geqslant \frac{F}{n-k+1}, \tag{3.122}$$

参见文献 [38].

对 ψ 再微分一次, 得

$$\begin{aligned}
\psi_{ij} = &\frac{(|Dv|^2)_{ij}}{|Dv|^2} - \frac{(|Dv|^2)_i(|Dv|^2)_j}{|Dv|^4} + H'u_{ij}\\
&+H''u_iu_j + G''\gamma^i\gamma^j + G'(\gamma^i)_j,
\end{aligned} \tag{3.123}$$

将 (3.112) 代入 (3.123), 得

$$\begin{aligned}\psi_{ij}=&\frac{(|Dv|^2)_{ij}}{|Dv|^2}-(H'u_i+G'\gamma^i)(H'u_j+G'\gamma^j)\\&+H'u_{ij}+H''u_iu_j+G''\gamma^i\gamma^j+G'(\gamma^i)_j\\=&\frac{(|Dv|^2)_{ij}}{|Dv|^2}+(H''-H'^2)u_iu_j+H'u_{ij}+(G''-G'^2)\gamma^i\gamma^j\\&-H'G'(\gamma^iu_j+\gamma^ju_i)+G'(\gamma^i)_j.\end{aligned}\tag{3.124}$$

因此,

$$\begin{aligned}0\geqslant\sum_{1\leqslant i,j\leqslant n}S^{ij}\psi_{ij}=&\frac{1}{|Dv|^2}\sum_{1\leqslant i,j\leqslant n}S^{ij}(|Dv|^2)_{ij}\\&+\sum_{1\leqslant i,j\leqslant n}S^{ij}\{(H''-H'^2)u_iu_j+H'u_{ij}\\&-2H'G'\gamma^iu_j+(G''-G'^2)\gamma^i\gamma^j+G'(\gamma^i)_j\}\\=&I_1+I_2,\end{aligned}\tag{3.125}$$

其中

$$\begin{aligned}I_1=&\frac{1}{|Dv|^2}\sum_{1\leqslant i,j\leqslant n}S^{ij}(|Dv|^2)_{ij},\\I_2=&\sum_{1\leqslant i,j\leqslant n}S^{ij}\{(H''-H'^2)u_iu_j+H'u_{ij}-2H'G'\gamma^iu_j\\&+(G''-G'^2)\gamma^i\gamma^j+G'(\gamma^i)_j\},\end{aligned}\tag{3.126}$$

由 $H=-\log(1+4M_0-u)$, 则 $H'=\dfrac{1}{1+4M_0-u}$, $H''=\dfrac{1}{(1+4M_0-u)^2}$, $H''-H'^2=0$.

因此

$$I_2=\sum_{1\leqslant i,j\leqslant n}S^{ij}\{H'u_{ij}-2H'G'\gamma^iu_j+(G''-G'^2)\gamma^i\gamma^j+G'(\gamma^i)_j\}.\tag{3.127}$$

首先考虑 I_2.

计算可得

$$\begin{aligned}
&H'S^{ij}u_{ij} = H'S^{ij}(S_{ij}+A_{ij}) = H'kB + H'S^{ij}A_{ij} \geqslant -\bar{C}_6 u_1^{2-\varepsilon}F,\\
&-2H'G' \sum_{1\leqslant i,j\leqslant n} S^{ij}\gamma^i u_j \geqslant -\bar{C}_7 u_1 F,\\
&(G''-G'^2)\sum_{1\leqslant i,j\leqslant n} S^{ij}\gamma^i\gamma^j \geqslant -\bar{C}_8 F,\\
&G'\sum_{1\leqslant i,j\leqslant n} S^{ij}(\gamma^i)_j \geqslant -\bar{C}_9 F,
\end{aligned}\tag{3.128}$$

其中 $\bar{C}_6$ 为正常数依赖于 $n,\Omega,L_2,M_0,\tilde{\mu}_0$, $\bar{C}_7$ 为正常数依赖于 α_0,n,Ω,M_0, $\bar{C}_8$ 为正常数依赖于 α_0,n,Ω, $\bar{C}_9$ 为正常数依赖于 α_0,n,Ω. 因此,

$$I_2 \geqslant -\bar{C}_6 u_1^{2-\varepsilon}F - \bar{C}_7 u_1 F - \bar{C}_8 F - \bar{C}_9 F \geqslant -\bar{C}_{10} u_1^{2-\varepsilon}F, \tag{3.129}$$

其中 $\bar{C}_{10}$ 为正常数依赖于 $\alpha_0,n,\Omega,L_2,M_0,\tilde{\mu}_0$, 我们假设上式的最后一个不等式中 u_1 充分大, 否则可得到估计.

下面, 我们计算 I_1.

对 $|Dv|^2$ 求一阶导数, 可得

$$(|Dv|^2)_i = 2\sum_{1\leqslant k\leqslant n} v_k v_{ki}, \tag{3.130}$$

对 $|Dv|^2$ 再微分一次, 可得

$$\begin{aligned}
(|Dv|^2)_{ij} &= 2\sum_{1\leqslant k\leqslant n} v_{kj}v_{ki} + 2\sum_{1\leqslant k\leqslant n} v_k v_{kij}\\
&= 2v_1 v_{1ij} + 2\sum_{1\leqslant k\leqslant n} v_{kj}v_{ki}.
\end{aligned}\tag{3.131}$$

由 (3.131) 可得

$$I_1 = \frac{2(u_1-(\varphi d)_1)}{|Dv|^2}\sum_{1\leqslant i,j\leqslant n} S^{ij}v_{1ij} + \frac{2}{|Dv|^2}\sum_{1\leqslant i,j,k\leqslant n} S^{ij}v_{ki}v_{kj}. \tag{3.132}$$

下面分别计算 (3.132) 式右端的第一项和第二项.

由 (3.106) 可得

$$
\begin{aligned}
v_{ij}=&u_{ij}-((\varphi_i+\varphi_z u_i)d-\varphi\gamma^i)_j\\
=&u_{ij}-(\varphi_{ij}+\varphi_{iz}u_j+\varphi_{zj}u_i+\varphi_{zz}u_iu_j+\varphi_z u_{ij})d\\
&-(\varphi_i+\varphi_z u_i)\gamma^j+(\varphi_j+\varphi_z u_j)\gamma^i+\varphi(\gamma^i)_j\\
=&(1-\varphi_z d)u_{ij}-(\varphi_{ij}+\varphi_{iz}u_j+\varphi_{zj}u_i+\varphi_{zz}u_iu_j)d\\
&-(\varphi_i+\varphi_z u_i)\gamma^j+(\varphi_j+\varphi_z u_j)\gamma^i+\varphi(\gamma^i)_j,
\end{aligned}
\tag{3.133}
$$

$$
\begin{aligned}
v_{ij1}=&(1-\varphi_z d)u_{ij1}-u_{ij}(1-\varphi_z d)_1\\
&+D_1\{-(\varphi_{ij}+\varphi_{1z}u_j+\varphi_{zj}u_i+\varphi_{zz}u_iu_j)d\\
&-(\varphi_i+\varphi_z u_i)\gamma^j+(\varphi_j+\varphi_z u_j)\gamma^i+\varphi(\gamma^i)_j\},
\end{aligned}
\tag{3.134}
$$

记

$$
\begin{aligned}
F_{ij}=&u_{ij}(1-\varphi_z d)_1+D_1\{-(\varphi_{ij}+\varphi_{iz}u_j+\varphi_{zj}u_i+\varphi_{zz}u_iu_j)d\\
&-(\varphi_i+\varphi_z u_i)\gamma^j+(\varphi_j+\varphi_z u_j)\gamma^i+\varphi(\gamma^i)_j\}.
\end{aligned}
$$

计算可得

$$
\begin{aligned}
&\frac{2(u_1-(\varphi d)_1)}{|Dv|^2}\sum_{1\leqslant i,j\leqslant n}S^{ij}v_{1ij}\\
=&\frac{2(u_1-(\varphi d)_1)}{v_1^2}(1-\varphi_z d)\sum_{1\leqslant i,j\leqslant n}S^{ij}u_{1ij}-\frac{2(u_1-(\varphi d)_1)}{v_1^2}\sum_{1\leqslant i,j\leqslant n}S^{ij}F_{ij}\\
=&\frac{2(u_1-(\varphi d)_1)}{v_1^2}(1-\varphi_z d)\sum_{1\leqslant i,j\leqslant n}S^{ij}(S_{1ij}+D_1A_{ij})\\
&-\frac{2(u_1-(\varphi d)_1)}{v_1^2}\sum_{1\leqslant i,j\leqslant n}S^{ij}F_{ij}
\end{aligned}
$$

$$
\begin{aligned}
&=\frac{2(u_1-(\varphi d)_1)}{v_1^2}(1-\varphi_z d)\sum_{1\leqslant i,j\leqslant n}S^{ij}D_1S_{ij}\\
&\quad+\frac{2(u_1-(\varphi d)_1)}{v_1^2}(1-\varphi_z d)\sum_{1\leqslant i,j\leqslant n}S^{ij}D_1A_{ij}\\
&\quad-\frac{2(u_1-(\varphi d)_1)}{v_1^2}\sum_{1\leqslant i,j\leqslant n}S^{ij}F_{ij}\\
&=\frac{2(u_1-(\varphi d)_1)}{v_1^2}(1-\varphi_z d)\nabla_1 B\\
&\quad-\frac{2(u_1-(\varphi d)_1)}{v_1^2}\sum_{1\leqslant i,j\leqslant n}S^{ij}F_{ij}\\
&\quad+\frac{2(u_1-(\varphi d)_1)}{v_1^2}(1-\varphi_z d)\sum_{1\leqslant i,j\leqslant n}S^{ij}D_1A_{ij}.
\end{aligned}\tag{3.135}
$$

因为

$$
D_1A_{ij}(x,u,Du)=D_{x_1}A_{ij}+D_zA_{ij}u_1+D_{p_l}A_{ij}u_{l1},\tag{3.136}
$$

计算可得

$$
\begin{aligned}
&\frac{2(u_1-(\varphi d)_1)}{v_1^2}\sum_{1\leqslant i,j\leqslant n}S^{ij}D_1A_{ij}\\
=&\frac{2(u_1-(\varphi d)_1)}{v_1^2}\sum_{1\leqslant i,j\leqslant n}[S^{ij}(D_{x_1}A_{ij})+S^{ij}D_zA_{ij}u_1+S^{ij}D_{p_l}A_{ij}u_{l1}]\\
=&\frac{2(u_1-(\varphi d)_1)}{v_1^2}\sum_{1\leqslant i,j\leqslant n}[S^{ij}(D_{x_1}A_{ij})+S^{ij}D_zA_{ij}u_1+S^{ij}D_{p_l}A_{ij}(S_{l1}+A_{l1})]\\
\geqslant&-\left|\frac{2(u_1-(\varphi d)_1)}{v_1^2}\right|[F|A(x,u,Du)|^{\frac{3}{2}}+F|A(x,u,Du)|u_1\\
&+n|A(x,u,Du)|^{\frac{1}{2}}+F|A(x,u,Du)|^{\frac{1}{2}}|A(x,u,Du)|]\\
\geqslant&-(\bar{C}_{11}F+\bar{C}_{12}u_1^{2-\varepsilon}F)\\
\geqslant&-\bar{C}_{13}u_1^{2-\varepsilon}F,
\end{aligned}\tag{3.137}
$$

其中第一个不等式利用结构性条件 (3.66)—(3.68), 第二个不等式利用结构性条件 (3.65), 我们假设上式的最后一个不等式中 u_1 充分大, 否则可得到估计, 其中 $\bar{C}_{11}$, $\bar{C}_{12}$, $\bar{C}_{13}$ 均为正常数依赖于 $n, \Omega, L_2, M_0, \tilde{\mu}_0, \varepsilon, L_1$, 则有

$$\begin{aligned}
&\frac{2}{|Dv|^2}\sum_{1\leqslant i,j,k\leqslant n} S^{ij}v_{ki}v_{kj}\\
\geqslant&\frac{2}{v_1^2}\sum_{1\leqslant i,j\leqslant n} S^{ij}v_{1i}v_{1j}\\
=&\frac{H'^2}{2}\sum_{1\leqslant i,j\leqslant n} S^{ij}u_iu_j + H'G'\sum_{1\leqslant i,j\leqslant n} S^{ij}\gamma^i u_j + \frac{G'^2}{2}\sum_{1\leqslant i,j\leqslant n} S^{ij}\gamma^i\gamma^j\\
\geqslant&\frac{H'^2}{2}S^{11}u_1^2 - \bar{C}_{14}u_1F,
\end{aligned} \tag{3.138}$$

其中第一个等号利用 (3.113), $\bar{C}_{14}$ 为正常数依赖于 α_0, n, Ω, M_0.

将 (3.137) 和 (3.138) 代入 (3.132) 可得

$$\begin{aligned}
I_1\geqslant&\frac{H'^2}{2}S^{11}u_1^2 - \bar{C}_{14}u_1F - \bar{C}_{13}u_1^{2-\varepsilon}F\\
\geqslant&\frac{H'^2}{2}S^{11}u_1^2 - \bar{C}_{15}u_1^{2-\varepsilon}F\\
\geqslant&\frac{H'^2}{2(n-k+1)}Fu_1^2 - \bar{C}_{15}u_1^{2-\varepsilon}F,
\end{aligned} \tag{3.139}$$

由 (3.122) 可知上式中的最后一个不等号成立, 我们假设上式的第二个不等式中 u_1 充分大, 否则可得到估计, 其中 $\bar{C}_{15}$ 为正常数依赖于 $n, \Omega, L_2, \tilde{\mu}_0$, ε, L_1.

将 (3.129) 和 (3.139) 代入 (3.125) 可得

$$\begin{aligned}
0\geqslant&I_1+I_2\\
\geqslant&-\bar{C}_{10}u_1^{2-\varepsilon}F + \frac{H'^2}{2(n-k+1)}Fu_1^2 - \bar{C}_{15}u_1^{2-\varepsilon}F\\
\geqslant&\frac{H'^2}{2(n-k+1)}Fu_1^2 - C_{16}u_1^{2-\varepsilon}F,
\end{aligned} \tag{3.140}$$

其中 $\bar{C}_{16}$ 为正常数依赖于 $n, \Omega, L_2, M_0, \tilde{\mu}_0, \varepsilon, L_1$, 则有

$$|Du|(x_0) \leqslant C, \tag{3.141}$$

其中 C 为正常数依赖于 $n, \Omega, L_0, L_1, L_2, M_0, \varepsilon, \tilde{\mu}_0$.

情形三: $x_0 \in \Omega \cap \partial\Omega_{\mu_0}$.

由引理 3.5, 我们在其证明中令 dist $(\Omega', \Omega) < \dfrac{\mu_0}{2}$, 得到这样区域的内估计, 从而得到 $u_1(x_0)$ 的估计.

因此, 定理 3.7 得证.

结合梯度内估计和定理 3.7, 我们得 Hessian 型方程 Neumann 边值问题解的全局梯度估计, 则定理 3.8 得证.

第 4 章　复 Monge-Ampère 方程边界爆破问题

本章给出复 Monge-Ampère 方程的边界爆破问题的一些结果[125, 127].

4.1　引　　言

1980 年, 郑绍远与丘成桐在研究非紧复流行上的复 Kähler 度量的存在性时发现该问题最终转化为复 Monge-Ampère 方程, 形如

$$\det(g_{i\bar{j}} + u_{i\bar{j}}) = e^{Ku}e^{F}\det(g_{i\bar{j}}). \tag{4.1}$$

文章中还考虑复空间 $\mathbf{C}^n$ 中的一个区域 Ω 上, 复 Monge-Ampère 方程的边值问题:

$$\begin{aligned} &\det(u_{i\bar{j}}) = e^{(n+1)u}, \\ &(u_{i\bar{j}}) > 0,\ u = \infty,\ \ 在\ \partial\Omega\ 上, \end{aligned} \tag{4.2}$$

并得到了该边界爆破问题解的存在性和正则性.

定理 4.1[37]　假设 $(M, g_{i\bar{j}})$ 是 k 阶完备 Kähler 流形, $k \geqslant 5$, 则对于任意的 $K > 0$, $F \in C^{k-2+\alpha}(M)$, $\alpha \in (0,1)$, 问题 (4.2) 存在唯一的解 $u \in C^{k+\alpha}(M)$ 满足以下关系式:

$$\det(g_{i\bar{j}} + u_{i\bar{j}}) = e^{Ku}e^{F}\det(g_{i\bar{j}}), \tag{4.3}$$

$$\frac{1}{c}(g_{i\bar{j}}) \leqslant (g_{i\bar{j}} + u_{i\bar{j}}) \leqslant c(g_{i\bar{j}}). \tag{4.4}$$

更进一步, 若所有的数据解析, 则解也是解析的.

推论 4.1[37] 假设 Ω 是 C^{k+2} 的严格拟凸域, 其中 $k \geqslant 5$. 设区域 Ω 的定义函数 $\varphi \in C^{k+2}$, 且 $g = -\log(-\varphi)$, 则对于任意的 $K > 0$, $F \in C^{k-2+\alpha}(\Omega, g_{i\bar{j}})$, $\alpha \in (0,1)$, 问题 (4.2) 存在唯一的解 $u \in C^{k+\alpha}(\Omega, g_{i\bar{j}})$ 满足

$$(g_{i\bar{j}} + u_{i\bar{j}}) \geqslant (\inf(e^{Ku+F}))(\sup(n + \Delta u))^{1-n}(g_{i\bar{j}}), \tag{4.5}$$

$$\det(g_{i\bar{j}} + u_{i\bar{j}}) = e^{Ku}e^F \det(g_{i\bar{j}}). \tag{4.6}$$

进一步地, 若 $F \in C^{k-2+\alpha}(\Omega, g_{i\bar{j}})$, 则存在唯一解 $u \in C^{k+\alpha}(\Omega)$ 满足

$$\begin{aligned} &\det(u_{i\bar{j}}) = e^{Ku}e^F, \\ &(u_{i\bar{j}}) > 0,\ u = \infty, \quad \text{在 } \partial\Omega \text{ 上}. \end{aligned} \tag{4.7}$$

4.2 存在性结论

本节讨论复 Monge-Ampère 方程在有界严格拟凸域上的边界爆破问题. 在凸域上, 我们证明了该问题在合适的增长性条件下严格多重下调和解的存在性, 并得到在某些拟凸域上解的非存在性条件, 以此说明我们的增长性条件的最优性.

假设 Ω 是 $\mathbf{C}^n$ 上一有界区域, f 是定义在 $\Omega \times \mathbf{R} \times \mathbf{R}^{2n}$ 上的正函数. 我们研究复 Monge-Ampère 方程

$$\det \frac{\partial^2 u}{\partial z_i \partial \bar{z}_j} = f(z, u, \nabla u), \quad \text{在 } \Omega \text{ 上} \tag{4.8}$$

具有无穷边界值

$$u = +\infty, \quad \text{在 } \partial\Omega \text{上}, \tag{4.9}$$

其中 $\nabla u(z_0) = p_0$ 看作是关于变量 $(\Re z, \Im z)$ 的函数, 寻找严格多重下调和解 $u \in C^\infty(\Omega)$.

我们主要证明以下几个定理. 关于不存在性的结论如下.

定理 4.2 设 $\Omega \subset \mathbf{C}^n$ 是一有界拟凸域. 若

$$0 \leqslant f(z, \phi, P) \leqslant M(1 + (\phi^+)^p)(1 + |P|^q), \tag{4.10}$$

其中 $(z, \phi, P) \in \Omega \times \mathbf{R} \times \mathbf{R}^{2n}$, 对于 $p, q \geqslant 0$, $p + q \leqslant n$, 方程 (4.8) 与 (4.9) 没有多重下调和解.

定理 4.3 假设 $\Omega \subset \mathbf{C}^n$ 是包含一条直线的无界拟凸域. 若 $f > 0$ 满足

$$M(\phi^+)^p \leqslant f(z, \phi, P), \tag{4.11}$$

其中 $(z, \phi, P) \in \Omega \times \mathbf{R} \times \mathbf{R}^{2n}$, 且 $p > n, M > 0, \phi^+ = \max\{\phi, 0\}$, 则问题 (4.8) 与 (4.9) 没有 $C^2(\Omega)$ 多重下调和解.

以上是关于不存在性的两个结论, 关于存在性我们的结论如下.

定理 4.4 假设 $\Omega \subset \mathbf{C}^n$ 是有界凸区域. 若 $f \in C^\infty(\overline{\Omega}, \mathbf{R}, \mathbf{R}^{2n})$ 满足 $f > 0$ 与 (4.11), 且存在正常数 C 使得

$$|\nabla f|, |f_\phi|, |D_P f| \leqslant C f^{1-1/n}, \tag{4.12}$$

则对于问题 (4.8) 与 (4.9) 存在严格多重下调和解 $u \in C^\infty(\Omega)$. 进一步, 存在函数 $\underline{h}, \overline{h} \in C(\mathbf{R}^+)$ 当 $r \to 0$ 时满足 $\underline{h}(r), \overline{h}(r) \to \infty$, 使得

$$\underline{h}(d(z)) \leqslant u(z) \leqslant \overline{h}(d(z)), \quad \forall z \in \Omega, \tag{4.13}$$

其中 d 是到边界 $\partial\Omega$ 的距离函数.

当 f 不依赖于 $\nabla\phi$ 时, 定理 4.4 中的条件可以减弱.

定理 4.5 假设 $\Omega \subset \mathbf{C}^n$ 是不包含直线的严格凸区域. 若 $f \in C^\infty(\overline{\Omega} \times \mathbf{R})$ 满足 $f > 0$ 与条件 (4.11), 而且

$$\sup_{z \in \Omega, \phi \leqslant 0} e^{-\varepsilon\phi} f(\operatorname{Re} z, \operatorname{Im} z, \phi) < +\infty, \tag{4.14}$$

其中 $\varepsilon > 0$, 则问题 (4.8) 与 (4.9) 存在严格多重下调和解 $u \in C^\infty(\Omega)$ 满足 (4.13). 若区域有界, 条件 (4.14) 可以减弱为 $\varepsilon = 0$.

4.3　主 要 引 理

本节将给出比较原理并构造与定理证明相关的径向闸函数.

引理 4.1　设 $\Omega \subset \mathbf{C}^n$ 是有界区域. 若 $u, v \in C^\infty(\overline{\Omega})$ 是多重下调和函数, 且在边界 $\partial\Omega$ 上 $u \leqslant v$, 而在 Ω 上 $\det(u_{i\bar{j}}) > \det(v_{i\bar{j}})$, 则在 Ω 上 $u \leqslant v$.

证明　假设

$$u(y) - v(y) = \max_{\Omega}(u - v) > 0, \quad \forall y \in \Omega, \tag{4.15}$$

则由于 $(v-u)_{i\bar{j}}$ 是半正定的, $\det D^2u(y) \leqslant \det D^2v(y)$. 导出矛盾, 从而得到在 Ω 上 $u \leqslant v$.

引理 4.2　若 Ω 是 $\mathbf{C}^n$ 上包含原点的有界拟凸域. 在边界 $\partial\Omega$ 上 $u = +\infty$, $v = +\infty$. v 是 Ω 上的严格多重下调和函数, 且 f 满足

$$(t_1, \cdots, t_{2n}) \cdot \nabla f(z, \phi, \nabla\phi) \leqslant 0, \quad P \cdot D_P f(z, \phi, \nabla\phi) \geqslant 0, \tag{4.16}$$

其中 $(z, \phi, P) \in \Omega \times \mathbf{R} \times \mathbf{R}^{2n}$. 如果

$$f(z, \lambda\phi^+, P) \geqslant \lambda^p f(z, \phi, P), \quad \forall \lambda \geqslant 1, \tag{4.17}$$

其中 $(z, \phi, P) \in \Omega \times \mathbf{R} \times \mathbf{R}^{2n}$, $p > n$, 或者存在 $\varepsilon > 0$ 使得

$$f_\phi(z, \phi, \nabla\phi) \geqslant \varepsilon f(z, \phi, \nabla\phi), \tag{4.18}$$

其中 $(z, \phi, P) \in \Omega \times \mathbf{R} \times \mathbf{R}^{2n}$, 则在 Ω 上 $u \leqslant v$.

证明 假设 $u \in C^2(\Omega)$ 是问题 (4.8), (4.9) 的多重下调和解. 考虑对于 $0 < \lambda \leqslant 1$, 函数

$$u_\lambda(x) := \lambda^\alpha u(\lambda z) - a, \quad z \in \Omega_\lambda, \tag{4.19}$$

其中 $\Omega_\lambda = \{z \in \mathbf{C}^n : \lambda z \in \Omega\}$, 且

$$\begin{cases} a = 0, \quad \alpha = 2n/(p-n), & \text{假设 (4.17)成立时}, \\ \alpha = 0, \quad a = \varepsilon^{-1}\lambda^{-(2+\alpha)n}, & \text{假设 (4.18)成立时}. \end{cases} \tag{4.20}$$

注意到 $\overline{\Omega} \subset \Omega_\lambda$ 且边界上 $v - u_\lambda = +\infty$. 通过计算

$$\begin{aligned} \det D^2 u_\lambda(z) &= \lambda^{(2+\alpha)n} \det D^2 u(\lambda z) \\ &= \lambda^{(2+\alpha)n} f(\lambda z, u(\lambda z), Du(\lambda z)) \\ &= \lambda^{(2+\alpha)n} f(\lambda z, \lambda^{-\alpha}(u_\lambda(z) + a), \lambda^{-(1+\alpha)} Du_\lambda(z)) \\ &\geqslant \lambda^{(2+\alpha)n} f(z, \lambda^{-\alpha}(u_\lambda(z) + a), Du_\lambda(z)) \\ &\geqslant f(\lambda z, u_\lambda(z), Du_\lambda(z)). \end{aligned} \tag{4.21}$$

根据引理 4.1 知 $v \geqslant u_\lambda$. 最后令 $\lambda \to 1$ 得 $v \geqslant u$.

现在我们构造径向函数作为上下解. 令 $u(z) = u(|z|)$. 直接计算有

$$\det(u_{i\bar{j}}) = \frac{1}{4}\left(\frac{u'}{2r}\right)^{n-1}\left(u'' + \frac{1}{r}u'\right), \quad r = |z|. \tag{4.22}$$

引理 4.3 假设 $\eta \in C^1(\mathbf{R})$ 满足 $\eta(\phi) > 0$, $\eta'(\phi) \geqslant 0$ 对于所有 $\phi \in \mathbf{R}$, 则对于任意的 $a > 0$ 存在严格多重下调和径向对称函数 $v \in C^2(B_a(0))$ 满足

$$\begin{cases} \det(v_{i\bar{j}}) \geqslant e^v \eta(v)(1 + |\nabla v|^n), & \text{在 } B_a(0) \text{ 上}, \\ v = +\infty, & \text{在 } \partial B_a(0) \text{ 上}. \end{cases} \tag{4.23}$$

证明　我们考虑初始值问题

$$\begin{aligned}&\phi' = (\exp(r^n e^{\phi}\eta(\phi(r))))^{1/n}, \quad r > 0,\\ &\phi(0) = 0.\end{aligned} \tag{4.24}$$

在 $[0, R)$ 上称问题 (4.24) 可解而且 R 有限. 事实上,

$$\phi'(r) \geqslant r(e^{\phi(r)}\eta(\phi(r)))^{1/n} \geqslant r(e^{\phi(r)}\eta(0))^{1/n}, \quad 0 < r < R, \tag{4.25}$$

根据 $\eta' \geqslant 0$, $\phi' \geqslant 0$, $\phi(0) = 0$, 则当 $\rho < R$,

$$\begin{aligned} n &\geqslant n(1 - e^{-\phi(\rho)/n}) \\ &\geqslant \int_0^{\rho} \phi'(r) e^{-\phi(r)/n} dr \\ &\geqslant (\eta(0))^{1/n} \int_0^{\rho} r dr \\ &= \frac{1}{2}(\eta(0))^{1/n}\rho^2. \end{aligned} \tag{4.26}$$

更进一步地, 根据常微分方程的相关理论, 我们知道 $\phi \in C^2[0, R)$ 且 $\phi(R) = +\infty$. 重新记

$$\log(1 + (\phi')^n) = r^n e^{\phi}\eta(\phi), \tag{4.27}$$

可得

$$\frac{n(\phi')^{n-1}\phi''}{1 + (\phi')^n} = (r^n e^{\phi}\eta(\phi))' \geqslant n r^{n-1} e^{\phi}\eta(\phi), \quad 0 < r < R. \tag{4.28}$$

特别地,

$$\phi''(r) > 0, \quad 0 < r < R. \tag{4.29}$$

再令

$$v(z) := \phi(\lambda z) - 2n(-\log\lambda)^+, \quad z \in B_a(0), \tag{4.30}$$

其中 $\lambda = R/a$, 直接计算

$$\begin{aligned}
&\det D^2 v(z)\\
=&\lambda^{2n}\frac{(\phi'(\lambda|z|))^{n-1}\phi''(\lambda|z|)}{(\lambda|z|^{n-1})}\\
\geqslant&\lambda^{2n}e^{\phi(\lambda|z|)}\eta(\phi(\lambda|z|))(1+(\phi'(\lambda|z|))^n)\\
\geqslant&\lambda^{2n}e^{v(z)+2n(-\log\lambda)^+}\eta(v(z)+2n(-\log\lambda)^+)(1+\lambda^{-n}|Dv(z)|^n)\\
\geqslant&e^{v(z)}\eta(v(z))(1+|Dv(z)|^n),
\end{aligned}\tag{4.31}$$

可得 v 即是引理 4.3 中的函数.

在下面的证明中我们记引理 4.3 中的函数 $v\in C^2(B_a(0))$ 为 $v^{a,\eta}$. 由于它是径向函数, 故仍然可记为 $v^{a,\eta}(z)=v^{a,\eta}(|z|)$.

引理 4.4 假设 $u\in C^2(\Omega)$ 是问题 (4.8) 与 (4.9) 的严格多重下调和解, 其中 Ω 是包含球 $B_a(z_0)$ 的有界拟凸域. 若

$$f(z,\phi,P)\leqslant e^{\phi}\eta(\phi)(1+|P|^n),\quad \forall(z,\phi,P)\in\overline{\Omega}\times\mathbf{R}\times\mathbf{R}^{2n},\tag{4.32}$$

其中 $\eta\in C^1(R)$ 满足

$$\eta(\phi)>0\quad 和\quad \eta'(\phi)\geqslant 0,$$

则对于所有 $z\in\Omega$, $u(z)\geqslant v^{a,\eta}(z-z_0)$.

证明 不妨假设 $z_0=0$. 对于任意的 $r>a$, 注意在边界上 $u-v^{r,\eta}=+\infty$. 根据引理 4.1 知在 Ω 上 $u\geqslant v^{r,\eta}$. 再令 $r\to a$ 可证.

直接计算可知当 $p>n$ 时函数

$$w(z):=(1-|z|^2)^{\frac{n+1}{n-p}}$$

是严格多重下调和函数且满足不等式

$$\det(w_{i\bar{j}})\leqslant C(n,p)w^p,\quad 在\ B_1(0)\ 上,\tag{4.33}$$

其中 C 是仅依赖于 n,p 的常数.

通过伸缩变换我们有如下结论.

引理 4.5 设 $a,M>0$ 和 $p>n$. 定义

$$w^{a,M}(z):=\lambda w\left(\frac{z}{a}\right),\quad z\in B_a(0),$$

其中

$$\lambda=\left(\frac{C(n,p)}{a^{2n}M}\right)^{1/(p-n)},$$

则 $w^{a,M}\in C^\infty(B_a(0))$ 满足

$$\det\left(w^{a,M}_{i\bar{j}}\right)\leqslant M(w^{a,M})^p,\quad 在\ B_a(0)\ 上. \tag{4.34}$$

引理 4.6 假设 $u\in C^2(\Omega)$ 是方程 (4.8) 的严格多重下调和解. 假设当 $p>n$ 时 f 满足 (4.11) 而且区域 Ω 包含球 $B_a(z_0)$, 则对于所有 $z\in\Omega$ 有 $u(z)\leqslant w^{a,M}(z-z_0)$.

注记 4.1 假设 $u\in C^2(\Omega)$ 是方程 (4.8) 的严格多重下调和解, 其中 Ω 是 $\mathbf{C}^n$ 中的拟凸域. 若 f 满足 (4.11), 则

$$u(z)\leqslant\overline{h}(d(z)),\quad\forall z\in\Omega,$$

其中 $\overline{h}(r):=w^{r,M}(0)$, $r>0$.

4.4 不存在性的证明

为了证明定理 4.2 和定理 4.3, 我们需要构造方程 (4.8) 的下解.

引理 4.7 假设 $p,q\geqslant 0$, $p+q\leqslant n$ 和 $M>0$, 则存在严格多重下调和径向正对称函数 $\tilde{u}\in C^\infty(\mathbf{C}^n)$ 满足

$$\det(\tilde{u}_{i\bar{j}}(z))\geqslant M(1+(\tilde{u})^p)(1+|\nabla\tilde{u}|^q),\quad\forall z\in\mathbf{C}^n. \tag{4.35}$$

证明 不失一般性, 我们假设 $M = 1$. 考虑以下三种情况.

第一种情形: $q = 0$.

考虑初值问题

$$\begin{cases} \varphi' = r(1+\varphi^p)^{1/n}, \quad r > 0, \\ \varphi(0) = 1. \end{cases} \tag{4.36}$$

我们能够找到唯一的光滑函数 φ 满足方程 (4.36). 事实上, 对于任意的 $\rho < R$, 有

$$\begin{aligned} \rho^2 &= 2\int_0^\rho r dr \\ &= 2\int_0^\rho \frac{\varphi'(r)}{(1+(\varphi(r))^p)^{1/n}} dr \\ &\geqslant \int_0^\rho \frac{\varphi'(r)}{((\varphi(r)))^{p/n}} dr \\ &= \begin{cases} \log\varphi(\rho), & p = n, \\ \dfrac{n}{n-p}(\varphi(\rho))^{(n-p)/n}, & p < n. \end{cases} \end{aligned} \tag{4.37}$$

当且仅当 $R = +\infty$ 时, $\lim_{\rho\to R} = +\infty$. 重新记

$$(\varphi')^n = r^n(1+\varphi^p). \tag{4.38}$$

两边求导得

$$(\varphi')^{n-1}\varphi'' \geqslant r^{n-1}(1+\varphi^p). \tag{4.39}$$

则令 $\widetilde{u}(z) := \varphi(|z|)$, 满足方程 $\det(\widetilde{u}_{i\bar{j}}) \geqslant (1+\widetilde{u}^p)$.

第二种情形: $q = n$.

令 $\varphi \in C^\infty(\mathbf{R}^+)$ 且

$$\varphi(r) := \int_0^r (\exp(r^n) - 1)^{1/n} dr, \quad r \geqslant 0, \tag{4.40}$$

则

$$\varphi'(r) = (\exp(r^n) - 1)^{1/n} \geqslant 0, \quad r > 0. \tag{4.41}$$

进一步地, φ 是严格多重下调和函数, 而且 $\varphi(0) = \varphi'(0) = 0$. 重新记

$$\log(1 + (\varphi')^n) = r^n, \tag{4.42}$$

两边求导得

$$(\varphi')^{n-1}\varphi'' = r^{n-1}(1 + (\varphi')^n). \tag{4.43}$$

因此令 $\widetilde{u}(z) := 1 + \varphi(|z|)$ 为光滑严格多重下调和函数满足

$$\det(\widetilde{u}_{i\bar{j}}) \geqslant (1 + |\nabla \widetilde{u}|^n).$$

第三种情形: $0 < q < n$.

令 φ 是初值问题定义在 $[0, R)$ 区间上的解,

$$\begin{cases} \varphi' = ((1 + r^n(1 + \varphi^p))^{n/n-q} - 1)^{1/n}, & r > 0 \\ \varphi(0) = 1, \end{cases} \tag{4.44}$$

则当 $r > 0$ 时有 $\varphi'(0) > 0$ 且 $\varphi'(r) > 0$. 进一步地,

$$\begin{aligned} \varphi' &\leqslant (1 + r^n(1 + \varphi^p))^{1/(n-q)} \\ &\leqslant (1 + \varphi^p)^{1/(n-q)}(1 + r^n)^{1/(n-q)} \\ &\leqslant c\varphi^{p/(n-q)}(1 + r^n)^{1/(n-q)}. \end{aligned} \tag{4.45}$$

因为 $p + q \leqslant n$, 我们记

$$(1 + (\varphi')^n)^{(n-q)/n} = 1 + r^n(1 + \varphi^n), \tag{4.46}$$

得

$$\begin{aligned} (n-q)(\varphi')^{n-1}\varphi'' &= r^{n-1}(1 + \varphi^p)(1 + (\varphi')^n)^{q/n} \\ &\geqslant \frac{1}{2} r^{n-1}(1 + \varphi^p)(1 + (\varphi')^q). \end{aligned} \tag{4.47}$$

因此令 $\widetilde{u}(z) := c\varphi(|z|)$ 是光滑严格多重下调和函数, 其中 c 为常数. 而且满足方程

$$\det(\widetilde{u}_{i\bar{j}}) \geqslant (1+\widetilde{u}^p)(1+|\nabla\widetilde{u}|^q).$$

定理 4.2 的证明 假设 $u \in C^2(\Omega)$ 是问题 (4.8) 和 (4.9) 的多重下调和解. Ω 有界且 f 满足 (4.10). 令 $\tilde{u} \in C^\infty(C^n)$ 满足 (4.35), 且在边界 $\partial\Omega$ 上对于任意的 $C>0$, $u - C\tilde{u} = \infty$. 由于 $\tilde{u} > 0$, 取 $C>1$ 使得

$$u(z_0) - \tilde{u}(z_0) = \min_{\Omega}(u - C\tilde{u}) < 0,$$

其中 $z_0 \in \Omega$. 根据 (4.10) 有

$$\begin{aligned}\det(u_{i\bar{j}}(z_0)) &\leqslant M(1+(u^+(z_0))^p)(1+|\nabla u(z_0)|^q)\\ &\leqslant M(1+(C\tilde{u}(z_0))^p)(1+C^q|\nabla\tilde{u}(z_0)|^q)\\ &< C^n M(1+(\tilde{u}(z_0))^p)(1+|\nabla\tilde{u}(z_0)|^q)\\ &\leqslant C^n\det(\tilde{u}_{i\bar{j}}(z_0)),\end{aligned} \tag{4.48}$$

这与 $((u - C\tilde{u})_{i\bar{j}}(z_0))$ 是半正定矩阵矛盾.

定理 4.3 的证明 假设 Ω 包含直线

$$L : z_1 = \cdots = z_{n-1} = 0.$$

由于 Ω 是拟凸域, 它包含 $\{z := (z', z_n) \in \mathbf{C}^n : |z'| < \delta\}$, 其中 $\delta > 0$. 对于任意的 $\lambda > 0$, 令

$$E_\lambda = \left\{ z = (z', z_n) : \frac{|z'|^2}{\delta^2} + \frac{|z_n|^2}{(\delta\lambda)^2} \leqslant 1 \right\}.$$

考虑函数

$$w_\lambda(z) := \lambda^\alpha w^{\delta,M}(z_1, \lambda^{-1}z_2), \quad z \in E_\lambda,$$

其中 $\alpha = \dfrac{2}{n-p}$ 和 $w^{\delta,M}$ 如 (4.5). 我们有

$$\begin{aligned}\det((w_\lambda)_{i\bar{j}}(z)) &= \lambda^{n\alpha-2}\det(w^{\delta,M}_{i\bar{j}})(z_1, \lambda^{-1}z_2)\\ &\leqslant M(\lambda^\alpha w^{\delta,M}(z', \lambda^{-1}z_n))^p\\ &= M(w_\lambda(z))^p, \quad \forall z \in E_\lambda.\end{aligned} \tag{4.49}$$

现在假设 $u \in C^2(\Omega)$ 是问题 (4.8) 与 (4.9) 的解, 且 f 满足 (4.11). 由于在 $\partial E_\lambda \subset \Omega$ 上 $w_\lambda = +\infty$, 根据 (4.1) 有

$$w_\lambda \geqslant u, \quad 在\ E_\lambda 上,$$

其中 $\alpha < 0$. 令 $\lambda \to \infty$, 我们看到在 L 上 $u = 0$, 则 $u_{z_n\overline{z_n}} = 0$, 在$L$上, 这与 $\det(u_{i\bar{j}})$ 在 Ω 上几乎处处正定矛盾.

4.5 存在性的证明

本节证明存在性定理 4.4 和定理 4.5.

首先假设区域 Ω 光滑. 对于正整数 $k \geqslant 1$, 考虑 Dirichlet 问题:

$$\begin{cases}\det(u_{i\bar{j}}) = f(z, u, \nabla u), & 在\ \Omega\ 上,\\ u = k, & 在\ \partial\Omega\ 上.\end{cases} \tag{4.50}$$

由于条件 (4.12) 隐含存在函数 $\Psi(k)$ 使得

$$f(z, \phi, P) \leqslant \Psi(k)(1 + |P|^n), \quad \forall z \in \overline{\Omega}, \quad P \in \mathbf{R}^{2n}, \quad \phi < k. \tag{4.51}$$

我们能够假设 $\Psi(k)$ 为光滑单增函数, 从而根据 P. L. Lions 在文献 [86] 中的结论, 存在一个严格凸的函数 $\underline{u}_k \in C^\infty(\overline{\Omega})$ 满足

$$\begin{cases}\det((D^2\underline{u}_k)) \geqslant \Psi^2(C_k)(1 + |\nabla \underline{u}_k|^{2n}), & 在\ \Omega\ 上,\\ \underline{u}_k = k, & 在\ \partial\Omega\ 上.\end{cases} \tag{4.52}$$

另一方面,

$$\det(\underline{u}_k)_{i\bar{j}} \geqslant 2^n \sqrt{\det D^2 \underline{u}_k} \geqslant \Psi(k)(1+|\nabla \underline{u}_k|^n), \tag{4.53}$$

因此 $\underline{u}_k$ 是方程 (4.50) 的下解. 再根据 L. Caffarelli, J.J. Kohn, L. Nirenberg, J. Spruck 在文献 [27] 中的定理 1.3, 方程 (4.50) 存在一个严格多重下调和解 $u_k \in C^\infty(\overline{\Omega})$, 且满足对于任意的 $k \geqslant 1$, 在 $\overline{\Omega}$ 上 $u_k \geqslant \underline{u}_k$. 进一步, u_k 满足

$$||u_k||_{C^{2,\alpha}(\overline{\Omega})} \leqslant C(k), \quad k \geqslant 1, \tag{4.54}$$

其中 $C(k) > 0$ 仅依赖于 k.

接下来需要得到不依赖于 k 的内部估计.

引理 4.8 存在仅依赖于 Ω 的常数 $a > 0$ 和一个单减序列 $a_k \to a(k \to \infty)$ 使得

$$v^{a_k,\eta}(a - d(z)) \leqslant u_k(z) \leqslant \overline{h}(d(z)), \quad \forall z \in \Omega, \quad k \geqslant 1, \tag{4.55}$$

其中 $d(z)$ 是到边界 $\partial\Omega$ 上的距离函数.

引理 4.8 中的 $v^{a_k,\eta}$ 和 $\overline{h}$ 的定义如引理 4.4 与注记 4.1.

引理 4.9 对于 Ω 上的任意紧集 K, 存在不依赖于 k 的常数 C 使得

$$||u_k||_{C^{2,\alpha}} \leqslant C, \quad \forall k \geqslant 1. \tag{4.56}$$

证明 首先, 假设 h, v_k 是定义在 Ω 上的函数, 表示为

$$h(z) := \overline{h}(d(z)), \quad v_k(z) := v^{a_k,\eta}(a - d(z)), \quad z \in \Omega.$$

对于 $l > 0$ 和 $k \geqslant 1$ 记

$$H_l := \{z \in \Omega : h(z) < l\}, \quad U_{k,l} := \{z \in \Omega : u_k(z) < l\},$$
$$V_{k,l} := \{z \in \Omega : v_k(z) < l\}.$$

根据 (4.55), 对于任意的 $k \geqslant 1$, 我们有 $H_l \subset U_{k,l} \subset V_{k,l}$.

假设 K 是 Ω 上一紧集, 可以选取 $l > 0$ 和 k_0 充分大使得 $K \subset H_{l/2}$ 且 $\overline{V}_{k_0,4l} \subset \Omega$. 从 (4.55) 得

$$|u_k| \leqslant C_0, \quad \text{在 } \overline{U}_{k,2l} \text{ 上}, \quad \forall k \geqslant k_0, \tag{4.57}$$

其中 C_0 依赖于 l, k_0 但不依赖于 k.

然后, 根据文献 [57] 中的推论 3.2, 有

$$\begin{aligned}\max_{\overline{U}_{k,2l}} |\nabla u_k| &= \max_{\partial U_{k,2l}} |\nabla u_k| \leqslant \max_{\overline{V}_{k_0,2l}} |\nabla u_k| \\ &\leqslant \frac{2 \sup\limits_{z \in V_{k_0,2l}} |u_k| + \widetilde{C}}{\inf\limits_{z \in V_{k_0,2l}} d_\Omega z} + \widetilde{C} \\ &\equiv C_1,\end{aligned} \tag{4.58}$$

其中 $\widetilde{C}$ 仅依赖于 $f^{\frac{1}{n}}$ 的 Lipschitz 常数和区域 Ω 的直径, C_1 依赖于 $k_0, l, \widetilde{C}$ 但不依赖于 k.

最后, 根据 B. Ivarsson 在文献 [57] 中的内部估计得到

$$\|u_{i\bar{j}}\|_{(C^\alpha(\overline{H}_l))} \leqslant C_3, \quad \forall k \geqslant k_0, \tag{4.59}$$

其中 C_3 依赖于 C_0, C_1, k_0, l 和函数 $f^{\frac{1}{n}}$ 的 Lipschitz 常数但是不依赖 k. 再根据 Evans 与 Krylov 定理有

$$\|u_k\|_{C^{2,\alpha}(K)} \leqslant C, \tag{4.60}$$

其中 C 不依赖于 k.

定理 4.4 的证明　根据引理 4.9, 存在子列 $\{u_{k_j}\}$ 和 $u \in C^{2,\alpha}(\Omega)$, 使得在任意的紧子集 $K \subset \Omega$ 上,

$$\lim_{j\to\infty}||u_{k_j}-u||_{C^{2,\alpha}(K)}=0,$$

从而得到 u 是满足方程 (4.8) 的严格多重下调和解. 至此我们证明了当 Ω 是光滑的情形时定理的结论.

若 Ω 是非光滑的区域, 选取一列光滑的严格凸区域

$$\Omega_1\subset\cdots\subset\Omega_k\subset\cdots\subset\Omega,$$

使得

$$\Omega=\bigcup_{k=1}^{\infty}\Omega_k,$$

从而我们能够得到解 $u\in C^{2,\alpha}(\Omega)$. 再根据椭圆方程的正则化理论得到解 $u\in C^{\infty}(\Omega)$.

接下来给出定理 4.5 的证明. 我们仅仅需要给出当 Ω 条件减弱时下闸函数即可, 余下的证明类似于定理 4.4.

定理 4.5 的证明 考虑如下两种情形.

第一种情形: 当 $\varepsilon>0$.

根据 (4.14) 找到函数 $\eta\in C^{\infty}(\mathbf{R})$, 其中 $\eta>0,\eta'\geqslant 0$ 且对于任意的 $(z,\phi)\in\overline{\Omega}\times\mathbf{R}$ 有 $e^{\varepsilon\phi}\eta(\phi)\geqslant f(z,\phi)$. 令 $z\in\Omega$, 取 $v=-\log(d(z,\partial\Omega))+|z|^2-c$, 其中 c 为一正常数, 则直接计算得 $\det(v_{i\bar{j}})\geqslant Me^{(n+1)v}\geqslant f$, 其中 M 为仅依赖于 n,c 的正常数.

第二种情形: 当 $\varepsilon=0$ 与 Ω 有界.

不失一般性, 假设 Ω 是 $\mathbf{C}^n$ 中的单位球. 令

$$v=-\log(1-|z|^2),\quad \det(v_{i\bar{j}})=e^{(n+1)v}.$$

有了闸函数就可用类似于定理 4.4 的方法证明定理 4.5.

4.6 渐近性定理

对于爆破解在 $\partial\Omega$ 附近的渐近性质, 我们考虑方程

$$\begin{cases} \det \dfrac{\partial^2 u}{\partial z_i \partial \bar{z}_j} = g(z) f(u), & z \in \Omega, \\ u(z) = \infty, & z \in \partial\Omega, \end{cases} \tag{4.61}$$

其中 $g(z) \in C^\infty(\overline{\Omega})$ 是 Ω 上的正函数, $f \in C[0,\infty) \cap C^\infty(0,\infty)$ 是正的单调增函数.

设 $\Re_l$ 表示所有定义在 $(0,\mu)$ 上正非减 C^1 函数 m 的集合, 其中 $\mu > 0$, 且满足

$$\lim_{t\to 0^+} \frac{\int_0^t m(s)ds}{m(t)} = 0, \quad \lim_{t\to 0^+} \frac{d}{dt}\left(\frac{\int_0^t m(s)ds}{m(t)}\right) = l. \tag{4.62}$$

对于集合 $\Re_l(l \neq 0$ 或者 $l = 0)$ 的详细性质可以参见文献 [31].

对于特殊的 l, 我们举些例子, 以下 $p > 0$:

(a) $m(t) = (-1/\ln t)^p$, 其中 $l = 1$,

(b) $m(t) = t^p$, 其中 $l = 1/(p+1)$,

(c) $m(t) = e^{-1/t^p}$, 其中 $l = 0$.

定义 4.1 设 f 是定义在 $[a,\infty)$ 上的正可测函数, 其中 $a > 0$, 若对于 $\lambda > 0$ 和 $q \in \mathbf{R}$ 有

$$\lim_{t\to\infty} \frac{f(\lambda t)}{f(t)} = \lambda^q, \tag{4.63}$$

称 f 在无穷远点 q 阶正常变分, 记作 $f \in \mathbf{RV}_q$. 实数 q 称为正常变分阶数.

当 $q=0$ 时, 我们定义如下.

定义 4.2 设 L 是定义在 $[a,\infty)$ 上的正可测函数, 其中 $a>0$, 如果对于 $\lambda>0$ 和 $q\in\mathbf{R}$ 有

$$\lim_{t\to\infty}\frac{L(\lambda t)}{L(t)}=1, \tag{4.64}$$

称函数在无穷远点正常变分.

根据定义 4.1 和定义 4.2, 如果 $f\in\mathbf{RV}_q$, 则可以表示成

$$f(t)=t^qL(t). \tag{4.65}$$

定义 4.3 设 H 是定义在 $\mathbf{R}$ 上的非减函数, 记 $H^{\leftarrow}$ 表示 H 的逆函数 (参见文献 [100]), 即

$$H^{\leftarrow}(y)=\inf\{s:H(s)\geqslant y\}. \tag{4.66}$$

设 $a>0$ 充分大, 我们定义

$$\wp(u)=\sup\left\{\frac{f(y)}{y^k}:a\leqslant y\leqslant u\right\},\quad u\geqslant a. \tag{4.67}$$

定理 4.6(渐近性) 假设 Ω 是 $\mathbf{C}^n$ 上的有界严格拟凸域. 若函数 $f\in\mathbf{RV}_q$, 其中 $q>n$, 存在函数 $m\in\Re_l$ 使得

$$0<\beta^-=\lim\inf_{d(z)\to 0}\frac{g(z)}{m^{n+1}(d(z))}$$

和

$$\lim\sup_{d(z)\to 0}\frac{g(z)}{m^{n+1}(d(z))}=\beta^+<\infty, \tag{4.68}$$

则问题 (4.61) 的严格多重下调和爆破解 u_∞ 满足

$$\xi^-\leqslant\lim\inf_{d(z)\to 0}\frac{u_\infty(z)}{\varphi(d(z))}\quad 和\quad \lim\sup_{d(z)\to 0}\frac{u_\infty(z)}{\varphi(d(z))}\leqslant\xi^+, \tag{4.69}$$

其中 φ 是

$$\varphi(t)=\wp^{\leftarrow}\left(\left(\int_0^t m(s)ds\right)^{-n-1}\right),\quad \text{对于充分小的 } t>0, \tag{4.70}$$

$\xi^{\pm}$ 是正常数,

$$\frac{(\xi^+)^{n-q}}{\lambda_1\beta^-}=\frac{(\xi^-)^{n-q}}{\lambda_n\beta^+}=\frac{[(q-n)/(n+1)]^{n+1}}{1+l(q-n)/(n+1)}, \tag{4.71}$$

λ_1, λ_n 是仅依赖于严格拟凸域 Ω 的正常数.

定理 4.7 假设 Ω 是 $\mathbf{C}^n$ 中半径 $R>0$ 的球, 且 $f\in \mathbf{RV}_q$, 其中 $q>n$. 如果当 $d(z)\to 0$, $m\in \Re_l$ 时 $g(z)\sim m^{n+1}(d(z))$, 则问题 (4.61) 的严格多重下调和爆破解满足

$$u(z)\sim\left\{\frac{[(q-n)/(n+1)]^{n+1}R^{n-1}}{1+l(q-n)/(n+1)}\right\}^{1/(n-q)}\varphi(d(z)). \tag{4.72}$$

定理 4.8(唯一性) 假设 Ω 是 $\mathbf{C}^n$ 中的有界严格拟凸域. 如果 $f\in \mathbf{RV}_q$, 其中 $q>n$, $f(u)/u^n$ 在 $(0,\infty)$ 上单增. $g(z)$ 满足

(i) $g(z)>0$ 在 $\overline{\Omega}$ 上, 或者

(ii) $g(z)=0$ 在 $\partial\Omega$ 上, Ω 是半径为 $R>0$ 的球, 当 $d(z)\to 0$, $m\in\Re_l$ 时 $g(z)\sim (m(d(z)))^{n+1}$, 则问题 (4.61) 存在唯一解.

4.6.1 主要引理

本节给出与渐近性定理证明相关的引理.

引理 4.10 设 Ω 是 $\mathbf{C}^n$ 中的开集. 若 $b\in C^2(\Omega)$ 且 $h\in C^2(\mathbf{R})$, 则

$$\begin{aligned}\det\partial_{i\bar{j}}h(b(z))=&[h'(b(z))]^{n-1}h''(b(z))\langle \mathrm{Co}(\partial_{i\bar{j}}b(z))\nabla b(z),\overline{\nabla b(z)}\rangle\\&+[h'(b(z))]^n\det\partial_{i\bar{j}}b(z),\quad \forall z\in\Omega,\end{aligned} \tag{4.73}$$

其中 $\mathrm{Co}(\partial_{i\bar{j}}b(z))$ 代表矩阵 $\partial_{i\bar{j}}b(z)$ 的伴随.

引理 4.11 设 $\Omega\subset\mathbf{C}^n$ 具有 C^2 边界. $z_0\in\partial\Omega$ 是严格拟凸域上一点, 则存在 z_0 的邻域 $Z\subset\mathbf{C}^n$ 和双全纯映射 Φ 和 Z 使得 $W=\Phi(Z\cap U)$ 是严格凸的.

引理 4.12 设 $\Omega \subset \mathbf{C}^n$ 是具有光滑边界的严格拟凸域. $d(z)$ 是边界的距离函数, 则 $-d(z)$ 是 Ω 的定义函数.

引理 4.13 存在常数 $\lambda_1 > 0$ 和 $\lambda_n > 0$ 使得

$$\lambda_1|z|^2 \leqslant \sum \frac{\partial^2 \rho}{\partial z_j \partial \bar{z}_k}(z_0) z_j \bar{z}_k \leqslant \lambda_n |z|^2, \quad z_0 \in \partial\Omega. \tag{4.74}$$

对于 $\mu > 0$, 我们令 $\Gamma_\mu = \{z \in \overline{\Omega} : d(z) < \mu\}$.

定理 4.9 设 Ω 是 $\mathbf{C}^n$ 中具有光滑边界的严格拟凸域. 若 $\mu > 0$ 充分小, 使得 $d \in C^2(\Gamma_\mu)$ 且 $h \in C^2(0, \mu)$. 若 $\hat{z_0} \in \Gamma_\mu \setminus \partial\Omega$ 和 $z_0 \in \partial\Omega$ 满足 $|\hat{z_0} - z_0| = d(z_0)$, 则有

$$\begin{aligned} \det \partial_{i\bar{j}} h(d(\hat{z_0})) = & [-h'(d(\hat{z_0}))]^{n-1} h''(d(\hat{z_0})) \langle \mathrm{Co}(\partial_{i\bar{j}}\rho(\hat{z_0})) \nabla\rho(\hat{z_0}), \overline{\nabla\rho(\hat{z_0})} \rangle \\ & + [-h'(d(\hat{z_0}))]^n \det \partial_{i\bar{j}} \rho(\hat{z_0}), \end{aligned} \tag{4.75}$$

其中 $\rho(z) = -d(z)$.

下面介绍一些正常变分函数的定义和性质 (参看文献 [32], [100]).

性质 4.1 如果 L 是缓慢变分, 则当 $u \to \infty$ 时 $\dfrac{L(\lambda u)}{L(u)}$ 在 $(0, \infty)$ 的紧集上一致地趋向 1.

性质 4.2 我们有

(i) 若 $R \in \mathbf{RV}_q$, 则 $\lim_{u\to\infty} R(u)/\log u = q$;

(ii) 若 $R_1 \in \mathbf{RV}_{q_1}$ 且 $R_2 \in \mathbf{RV}_{q_2}$ 具有 $\lim_{u\to\infty} R_2(u) = \infty$, 则 $R_1 \circ R_2 \in \mathbf{RV}_{q_1 q_2}$;

(iii) 假设 R 是非减的且 $R \in \mathbf{RV}_q$, $0 < q < \infty$, 则 $R^{\leftarrow} \in \mathbf{RV}_{q^{-1}}$;

(iv) 假设 R_1, R_2 是非减的且为 q 阶变分, 其中 $q \in (0, \infty)$, 则对于 $c \in (0, \infty)$ 有

$$\lim_{u\to\infty} \frac{R_1(u)}{R_2(u)} = c \Longleftrightarrow \lim_{u\to\infty} \frac{R_1^{\leftarrow}(u)}{R_2^{\leftarrow}(u)} = c^{-1/q}. \tag{4.76}$$

性质 4.3 假设 $R \in \mathbf{RV}_q$, 选取 $B \geqslant 0$ 使得 R 在 $[B, \infty)$ 上局部有界. 如果 $q > 0$, 则

(i) 当 $u \to \infty$ 时, $\sup\{R(y) : B \leqslant y \leqslant u\} \sim R(u)$;

(ii) 当 $u \to \infty$ 时, $\inf\{R(y) : y \geqslant u\} \sim R(u)$;

如果 $q < 0$, 则

(iii) 当 $u \to \infty$ 时, $\sup\{R(y) : y \geqslant u\} \sim R(u)$;

(iv) 当 $u \to \infty$ 时, $\inf\{R(y) : B \leqslant y \leqslant u\} \sim R(u)$.

接下来介绍比较原理, 其证明参看 [57].

性质 4.4(比较原理) 假设 Ω 是 $\mathbf{C}^n$ 上的有界严格拟凸域. 如果 $f : \Omega \times \mathbf{R} \to \mathbf{R}$ 是非负函数且关于第二个变量单增. 设 $\underline{u}, \overline{u} \in C^\infty(\overline{\Omega} \cap \mathrm{PSH}(\Omega))$ 且 $u \in C^\infty(\Omega) \cap \mathrm{PSH}(\Omega)$, 当 $z \in \partial\Omega$ 时 $u(z) = \infty$, 则

(i) $\det \dfrac{\partial^2 \overline{u}}{\partial z_i \partial \bar{z}_j} \leqslant f(z, \overline{u}(z))$, $f(z, \underline{u}(z)) \leqslant \det \dfrac{\partial^2 \underline{u}}{\partial z_i \partial \bar{z}_j}$, 则在 $\partial\Omega$ 上 $\underline{u} \leqslant \overline{u}$ 蕴涵着在 Ω 上 $\underline{u} \leqslant \overline{u}$;

(ii) $\det \dfrac{\partial^2 u}{\partial z_i \partial \bar{z}_j} \leqslant f(z, u(z))$, $f(z, \underline{u}(z)) \leqslant \det \dfrac{\partial^2 \underline{u}}{\partial z_i \partial \bar{z}_j}$ 蕴涵着在 Ω 上 $\underline{u} \leqslant u$.

引理 4.14 设 $m \in \Re_l$ 和 $f \in \mathbf{RV}_q$, 其中 $q > n$. 如果 φ 是 (4.70) 定义的函数, 则存在一个函数 $\psi \in C^{0,\tau}$, 其中 $\tau > 0$ 满足 $\lim_{t\to 0} \dfrac{\psi(t)}{\varphi(t)} = 1$, 而且有

(i) $\lim_{t\to 0} \dfrac{\psi(t)\psi''(t)}{[\psi'(t)]^2} = 1 + \dfrac{(q-n)l}{n+1}$.

(ii) $\lim_{t\to 0} \dfrac{[-\psi'(t)]^{n-1}\psi''(t)}{m^{n+1}(t) f(\psi(t))} = \left(\dfrac{n+1}{q-n}\right)^{n+1} \left(1 + \dfrac{(q-n)l}{n+1}\right)$.

引理 4.14 的证明可以参见文献 [32] 中的引理 5.1.

4.6.2 渐近性的证明

证明 固定 $\varepsilon \in (0, 1/2)$. 我们选取 $\delta > 0$ 充分小使得

(a) m 在 $(0, 2\delta)$ 上非减;

(b) 在 $z \in \Omega_{2\delta}$ 上 $\beta^- m^{n+1}(d(z)) \leqslant g(z) \leqslant \beta^+ m^{n+1}(d(z))$, 对于 $\lambda > 0$, 我们令 $\Omega_\lambda = \{z \in \Omega : d(z) < \lambda\}$;

(c) $d(z)$ 是 C^2 函数, $\Gamma_{2\delta} = \{z \in \overline{\Omega} : d(z) < 2\delta\}$;

(d) 在 $(0, 2\delta)$ 上 $\psi' < 0$ 和 $\psi, \psi'' > 0$, 其中 ψ 是引理 4.14 中的描述.

固定 $\tau \in (0, \delta)$, 其中 $\xi^\pm$ 由 (4.71) 给定, 假设

$$\eta^\pm = [(1 \mp 2\varepsilon)]^{1/(n-q)} \xi^\pm. \tag{4.77}$$

定义

$$\begin{cases} v_\tau^+(z) = \eta^+ \psi(d(z) - \tau), & \forall z \in \Omega_{2\delta} \setminus \overline{\Omega_\tau}, \\ v_\tau^-(z) = \eta^- \psi(d(z) + \tau), & \forall z \in \Omega_{2\delta - \tau}. \end{cases} \tag{4.78}$$

第一步: 我们证明在边界附近 $v_\tau^+(\text{resp.} v_\tau^-)$ 是问题 (4.61) 的上（下）解, 即

$$\begin{cases} \det \partial_{i\bar{j}} v_\tau^+(z) \leqslant g(z) f(v_\tau^+(z)), & \forall z \in \Omega_{2\delta} \setminus \overline{\Omega_\tau}, \\ \det \partial_{i\bar{j}} v_\tau^-(z) \geqslant g(z) f(v_\tau^-(z)), & \forall z \in \Omega_{2\delta - \tau}. \end{cases} \tag{4.79}$$

根据 (a) 和 (b), 得

$$\begin{cases} \det \partial_{i\bar{j}} v_\tau^+(z) \leqslant \beta^- m^{n+1}(d(z)) f(v_\tau^+(z)), & \forall z \in \Omega_{2\delta} \setminus \overline{\Omega_\tau}, \\ \det \partial_{i\bar{j}} v_\tau^-(z) \geqslant \beta^+ m^{n+1}(d(z)) f(v_\tau^-(z)), & \forall z \in \Omega_{2\delta - \tau}. \end{cases} \tag{4.80}$$

再应用定理 4.9, 得

$$\begin{aligned} & \det \partial_{i\bar{j}} v_\tau^- \\ = & (\eta^-)^n [-\psi'(d(z) + \tau)]^{n-1} \psi''(d(z) + \tau) \langle \mathrm{Co}(\partial_{i\bar{j}} \rho(z)) \nabla \rho(z), \overline{\nabla \rho(z)} \rangle \\ & + (\eta^-)^n [-\psi'(d(z) + \tau)]^n \det \partial_{i\bar{j}} \rho(z) \\ \geqslant & (\eta^-)^n [-\psi'(d(z) + \tau)]^{n-1} \psi''(d(z) + \tau) \langle \mathrm{Co}(\partial_{i\bar{j}} \rho(z)) \nabla \rho(z), \overline{\nabla \rho(z)} \rangle \\ \geqslant & \frac{(\eta^-)^n}{\lambda_n} [-\psi'(d(z) + \tau)]^{n-1} \psi''(d(z) + \tau), \quad \forall z \in \Omega_{2\delta - \tau}, \end{aligned} \tag{4.81}$$

$$\begin{aligned}
&\det \partial_{i\bar{j}} v_\tau^+ \\
=&(\eta^+)^n[-\psi'(d(z)-\tau)]^{n-1}\psi''(d(z)-\tau)\langle \mathrm{Co}(\partial_{i\bar{j}}\rho(z))\nabla\rho(z), \overline{\nabla\rho(z)}\rangle \\
&+(\eta^+)^n[-\psi'(d(z)-\tau)]^n \det \partial_{i\bar{j}}\rho(z) \\
=&A+B, \quad \forall z \in \Omega_{2\delta}\setminus\overline{\Omega_\tau},
\end{aligned} \tag{4.82}$$

其中

$$\begin{aligned}
A &= (\eta^+)^n[-\psi'(d(z)-\tau)]^{n-1}\psi''(d(z)-\tau)\langle \mathrm{Co}(\partial_{i\bar{j}}\rho(z))\nabla\rho(z), \overline{\nabla\rho(z)}\rangle, \\
B &= (\eta^+)^n[-\psi'(d(z)-\tau)]^n \det \partial_{i\bar{j}}\rho(z),
\end{aligned}$$

$$\begin{aligned}
B \leqslant &(\eta^+)^n(\lambda_n)^n(-\psi')^n \\
\leqslant &(\eta^+)^n(\lambda_n)^n\frac{(-\psi')^{n-1}\psi''(-\psi')}{\psi''} \\
= &(\eta^+)^n(\lambda_n)^n(-\psi')^{n-1}\psi''\frac{(-\psi')(-\psi')}{\psi''\psi}\frac{\psi}{-\psi'}.
\end{aligned} \tag{4.83}$$

在引理 4.14 的证明过程中, 可以得到

$$\frac{\psi}{-\psi'} \sim \frac{(q-n)}{(n+1)}\frac{\displaystyle\int_0^t m(s)ds}{m(t)}, \tag{4.84}$$

其中

$$\lim_{t\to 0^+}\frac{\displaystyle\int_0^t m(s)ds}{m(t)} = 0. \tag{4.85}$$

根据引理 4.14, 得 $\lim_{d(z)\to 0} B = 0$. 因此我们仅需考虑 A.

$$A \leqslant \frac{(\eta^+)^n}{\lambda_1}(-\psi'(d(z)-\tau))^{n-1}\psi''(d(z)-\tau). \tag{4.86}$$

$$\det \partial_{i\bar{j}} v_\tau^+ \leqslant \frac{(\eta^+)^n}{\lambda_1}[-\psi'(d(z)-\tau)]^{n-1}\psi''(d(z)-\tau), \quad \forall z \in \Omega_{2\delta}\setminus\overline{\Omega_\tau}. \tag{4.87}$$

因此, 为了推导 (4.80), 只需要证明

$$\lim_{t\to 0}\frac{(\eta^+)^n}{\lambda_1\beta^-}\frac{[-\psi'(t)]^{n-1}\psi''(t)}{m^{n+1}(t)f(\eta^+\psi(t))}=1-2\varepsilon, \tag{4.88}$$

$$\lim_{t\to 0}\frac{(\eta^-)^n}{\lambda_n\beta^+}\frac{[-\psi'(t)]^{n-1}\psi''(t)}{m^{n+1}(t)f(\eta^-\psi(t))}=1+2\varepsilon. \tag{4.89}$$

根据 $f\in \mathbf{RV}_q$、引理 4.14 和 (4.77) 中 $\eta^\pm$ 的选取, (4.88) 和 (4.89) 成立.

第二步: 验证问题 (4.61) 的严格多重下调和解 u_∞ 满足 (4.69).

假设 $C=\max_{d(z)=\delta} u_\infty(z)$. 注意到

$$\begin{cases} v_\tau^+(z)+C=\infty>u_\infty(z), & \forall z\in\Omega,\quad d(z)=\tau,\\ v_\tau^+(z)+C\geqslant u_\infty(z), & \forall z\in\Omega,\quad d(z)=\delta. \end{cases} \tag{4.90}$$

应用 (4.79) 我们推得, 对于 $z\in\Omega_\delta\setminus\overline{\Omega_\tau}$,

$$\begin{aligned}\det\partial_{i\bar{j}}(v_\tau^+(z)+C)&=\det\partial_{i\bar{j}}(v_\tau^+(z))\leqslant g(z)f(v_\tau^+(z))\\ &\leqslant g(z)f(v_\tau^+(z)+C).\end{aligned} \tag{4.91}$$

由于 u_∞ 是 (4.61) 的解, 根据性质 4.4 有

$$v_\tau^+(z)+C\geqslant u_\infty(z),\quad \forall z\in\Omega_\delta\setminus\overline{\Omega_\tau}. \tag{4.92}$$

令 $C'=\xi^-\psi(\delta)$. 因此, 当 $z\in\Omega$ 时 $C'\geqslant v_\tau^-(z)$, 其中 $d(z)=\delta-\tau$, 则

$$u_\infty(z)+C'\geqslant v_\tau^-(z),\quad \forall z\in\partial\Omega_{\delta-\tau}. \tag{4.93}$$

对于每一个 $z\in\Omega_{\delta-\tau}$,

$$\begin{aligned}\det\partial_{i\bar{j}}(u_\infty(z)+C')&=\det\partial_{i\bar{j}}(u_\infty(z))=g(z)f(u_\infty(z))\\ &\leqslant g(z)f(u_\infty(z)+C'),\end{aligned} \tag{4.94}$$

根据 (4.79) 有

$$\det \partial_{i\bar{j}} v_\tau^-(z) \geqslant g(z) f(v_\tau^-(z)), \quad \forall z \in \Omega_{\delta-\tau}. \tag{4.95}$$

再次应用性质 4.4, 推得

$$u_\infty(z) + C' \geqslant v_\tau^-(z), \quad \forall z \in \Omega_{\delta-\tau}. \tag{4.96}$$

根据 (4.92) 和 (4.96), 令 $\tau \to 0$ 得

$$\begin{cases} (1+2\varepsilon)^{1/(n-q)} \xi^- \psi(d(z)) - C' \leqslant u_\infty(z), & \forall z \in \Omega_\delta, \\ u_\infty(z) \leqslant (1-2\varepsilon)^{1/(n-q)} \xi^+ \psi(d(z)) + C, & \forall z \in \Omega_\delta. \end{cases} \tag{4.97}$$

同时除以 $\psi(d(z))$ 并令 $d(z) \to 0$, 有

$$\begin{cases} \liminf\limits_{d(z)\to 0} \dfrac{u_\infty(z)}{\psi(d(z))} \geqslant (1+2\varepsilon)^{1/(n-q)} \xi^-, \\ \limsup\limits_{d(z)\to 0} \dfrac{u_\infty(z)}{\psi(d(z))} \leqslant (1-2\varepsilon)^{1/(n-q)} \xi^+. \end{cases} \tag{4.98}$$

由于 $\varepsilon > 0$ 的任意性, 令 $\varepsilon \to 0$ 得到 (4.69).

4.6.3 唯一性的证明

我们将唯一性的证明分成两步.

第一步: 证明问题 (4.61) 的严格多重下调和解 u_1, u_2, 有

$$\lim_{d(z)\to 0} \frac{u_1(z)}{u_2(z)} = 1. \tag{4.99}$$

由 u_1, u_2 的任意性, 只要说明

$$\liminf_{d(z)\to 0} \frac{u_1(z)}{u_2(z)} \geqslant 1. \tag{4.100}$$

不失一般性, 我们假设 $0 \in \Omega$.

情形 1: 固定 $\varepsilon \in (0,1)$, 令 $\lambda > 1$ 且接近于 1.

我们设

$$C_\lambda = \left[\left((1+\varepsilon)\lambda^{2n} \max_{z\in(1/\lambda)\overline{\Omega}} \frac{g(\lambda z)}{g(z)}\right)\right]^{1/q-n}, \tag{4.101}$$

其中 $(1/\lambda)\overline{\Omega} = \{(1/\lambda)z : z \in \overline{\Omega}\}$. 注意当 $\lambda \to 1$ 时 $C_\lambda \to (1+\varepsilon)^{1/(q-n)}$.

因此根据性质 4.1 和 $\lim_{d(z)\to 0} u_1(z) = \infty$, 存在 $\delta = \delta(\varepsilon) > 0$, 不依赖于 λ, 使得

$$C_\lambda^q \frac{f(u_1)}{f(C_\lambda u_1)} \leqslant 1+\varepsilon, \quad \forall z \in \Omega_\delta \text{ 而且 } \lambda \text{ 趋于 } 1. \tag{4.102}$$

定义 U_λ, 令

$$U_\lambda(z) = C_\lambda u_1(\lambda z), \quad z \in (1/\lambda)\Omega_\delta, \tag{4.103}$$

则

$$\begin{aligned}
\det \frac{\partial^2 U_\lambda}{\partial z_i \partial \bar{z}_j} &= \lambda^{2n} C_\lambda^n g(\lambda z) f(u_1(\lambda z)) \\
&\leqslant \lambda^{2n} C_\lambda^{n-q} g(\lambda z) f(C_\lambda u_1(\lambda z)) \\
&\leqslant g(z) f(C_\lambda u_1(\lambda z)) \\
&= g(z) f(U_\lambda(z)), \quad z \in (1/\lambda)\Omega_\delta,
\end{aligned} \tag{4.104}$$

即 $U_\lambda(z)$ 是问题 (4.61) 的上解.

由于 f 在 $(0,\infty)$ 上单增. 对于每一个常数 $M > 0$,

$$\begin{aligned}
\det \frac{\partial^2 (U_\lambda + M)}{\partial z_i \partial \bar{z}_j} &= \det \frac{\partial^2 U_\lambda}{\partial z_i \partial \bar{z}_j} \\
&\leqslant g(z) f(U_\lambda(z)) \\
&\leqslant g(z) f(U_\lambda(z) + M).
\end{aligned} \tag{4.105}$$

注意当 $z \in \dfrac{1}{\lambda}\partial\Omega$ 时, 有 $U_\lambda(z) = \infty > u_2(z)$. 进一步地我们选取 $M = \max_{d(z)=\delta} u_2(z)$, 根据性质 4.4 得到

$$U_\lambda(z) + M \geqslant u_2(z), \quad \forall z \in \Omega_\delta \cap (1/\lambda)\Omega_\delta. \tag{4.106}$$

令 $\lambda \to 1$, 则

$$(1+\varepsilon)^{1/(q-n)} u_1(z) + M \geqslant u_2(z), \quad \forall z \in \Omega_\delta, \tag{4.107}$$

这就意味着

$$\lim_{d(z)\to 0} \inf \frac{u_1}{u_2} \geqslant (1+\varepsilon)^{1/n-q}, \tag{4.108}$$

再令 $\varepsilon \to 0$ 得到 (4.100).

情形 2: 在 $\partial\Omega$ 上 $g(z) = 0$, 根据定理 4.7, 问题 (4.61) 的多重下调和解 u 满足

$$\lim_{d(z)\to 0} \frac{u(z)}{\varphi(d(z))} = \left\{ \frac{[(q-n)/(n+1)]^{n+1} R^{n-1}}{1 + l(q-n)/(n+1)} \right\}^{1/(n-q)}. \tag{4.109}$$

因此第一步得证.

第二步: 问题 (4.61) 最多只有一个多重下调和解. 假设 u_1, u_2 是问题 (4.61) 的任意严格多重下调和解，需要证明在 Ω 上 $u_1 \leqslant u_2$. 固定 $\delta > 0$，根据第一步我们有

$$\lim_{d(z)\to 0} [u_1(z) - (1+\delta) u_2(z)] = -\infty. \tag{4.110}$$

根据 $f(u)/u^n$ 单增，得到

$$\det \frac{\partial^2 (1+\delta) u_2(z)}{\partial z_i \partial \bar{z}_j} \leqslant g(z) f((1+\delta) u_2(z)), \quad \forall z \in \Omega. \tag{4.111}$$

再根据 (4.110)，(4.111) 和性质 4.4，得在 Ω 上 $u_1(z) \leqslant (1+\delta) u_2(z)$. 令 $\delta \to 0$，则在 Ω 上 $u_1 \leqslant u_2$.

第5章 复 Hessian 方程的边界爆破问题

本章讨论在有界区域上边界爆破的复 Hessian 方程 Γ-下调和解的存在性. 我们通过计算径向函数的 k-Hessian 来构造闸函数的方法, 证明解的先验估计[126, 128], 讨论解的渐近性质.

5.1 引　　言

首先将简单介绍关于 k-Hessian 算子, Γ-下调和解的定义、性质以及我们的主要定理.

假设 Ω 是 $\mathbf{C}^n$ 上的有界域, $u \in C^2(\Omega)$ 是实值函数, 则函数 u 的复 Hessian 矩阵为

$$H[u](z) = \left[\frac{\partial^2 u(z)}{\partial z_i \partial \overline{z_j}}\right]_{n\times n}, \tag{5.1}$$

它在每一点 $z \in \Omega$ 上是 $n \times n$ Hermitian 矩阵. 令 $\lambda(H[u]) = (\lambda_1(z), \cdots, \lambda_n(z))$ 为 $H[u](z)$ 在 $\mathbf{C}^n$ 中的特征值向量, 则 k 阶对称函数 σ_k 定义为

$$\sigma_k(\lambda) = \sum_{i_1 < \cdots < i_k} \lambda_{i_1} \cdots \lambda_{i_k}. \tag{5.2}$$

特别是,

$$\det H[u] = \sigma_n(\lambda(H[u])), \quad \Delta u = \mathrm{tr}(H[u]) = \sigma_1(\lambda(H[u])). \tag{5.3}$$

N. M. Ivochkina 在 1985 年的文献 [58] 中证明了 $(\sigma_k(\lambda))^{1/k}$ 是在对称锥

$$\Gamma_k = \{\lambda \in \mathbf{R}^n : \sigma_k(\lambda) > 0\} \tag{5.4}$$

上的严格增的对称凹函数. 而且

$$\Gamma_n = \{\lambda \in \mathbf{R}^n : \lambda_i > 0, 1 \leqslant i \leqslant n\},$$
$$\Gamma_1 = \left\{\lambda \in \mathbf{R}^n : \sum_{i=1}^{n} \lambda_i > 0\right\}. \tag{5.5}$$

同样 Γ_k 在 $\lambda = (\lambda_1, \cdots, \lambda_n)$ 上是对称的, 即如果 $\lambda = (\lambda_1, \cdots, \lambda_n) \in \Gamma_k$, 则 $\widetilde{\lambda} = (\lambda_{i_1}, \cdots, \lambda_{i_n}) \in \Gamma_k$, 其中 $(i_1, i_2, \cdots, i_n)$ 是 $1, 2, \cdots, n$ 的任意排列. N. S. Trudinger 和 X. J. Wang 在文献 [113] 中指出

$$\Gamma^+ = \Gamma_n \subset \cdots \subset \Gamma_{k+1} \subset \Gamma_k \subset \cdots \subset \Gamma_1. \tag{5.6}$$

我们称 u 是 Ω 上的多重下调和函数, 如果对于 $z \in \Omega$, $\lambda(H[u](z)) \in \overline{\Gamma_n}$; 称 u 是 Ω 上的下调和函数, 如果对于 $z \in \Omega$, $\lambda(H[u](z)) \in \overline{\Gamma_1}$. 假设 Γ 是关于 0 对称的凸锥, 使得 $\Gamma_n \subset \Gamma \subset \Gamma_1$, $M(n, \Gamma)$ 是所有特征值向量在 Γ 内的所有 $n \times n$ Hermitian 矩阵的集合. 如果对于 $z \in \Omega$, 有 $\lambda(H[u](z)) \in \Gamma$, 称实值函数 u 是 Γ-下调和.

Hessian 算子近年来受到很多关注, 可参看文献 [28], [38], [46], [111]—[113]. L. Caffarelli, L. Nirenberg 和 J. Spruck 在文献 [28] 中讨论了 Hessian 算子 Dirichlet 问题经典解的存在性. 他们研究问题

$$\begin{cases} F(D^2u) = \psi, & \text{在 } \Omega \text{ 上}, \\ u = \varphi, & \text{在 } \partial\Omega \text{ 上}, \end{cases} \tag{5.7}$$

其中函数 F 有特殊的形式, 它由光滑对称的函数 $f(\lambda_1, \cdots, \lambda_n)$ 表示, $\lambda_1, \cdots, \lambda_n$ 是矩阵 D^2u 的特征值. 假设 f 是椭圆的, 即

$$\frac{\partial f}{\partial \lambda_i} > 0, \quad \forall i, \tag{5.8}$$

同时 f 是凹函数. 考虑函数 f 定义在包含正锥的顶点为原点的开凸锥 $\Gamma \subset \mathbf{R}^n$ 上, 而且

$$\Gamma \subset \left\{\sum \lambda_i > 0\right\}. \tag{5.9}$$

假设函数 $\psi \in C^\infty(\overline{\Omega})$, $\varphi \in C^\infty(\partial\Omega)$,

$$\psi > 0, \quad 在\ \overline{\Omega}\ 上. \tag{5.10}$$

令

$$0 < \psi_0 = \min_{\overline{\Omega}} \psi \leqslant \max_{\overline{\Omega}} \psi = \psi_1. \tag{5.11}$$

若对于某个 $\bar{\psi_0} < \psi_0$,

$$\overline{\lim_{\lambda\to\lambda_0}} f(\lambda) \leqslant \bar{\psi_0} < \psi_0, \quad \forall \lambda_0 \in \partial\Gamma. \tag{5.12}$$

对于任意的 $C > 0$ 和 Γ 中的紧集 K 存在实数 $R = R(C, K)$ 使得

$$f(\lambda_1, \cdots, \lambda_{n-1}, \lambda_n + R) \geqslant C, \quad \forall \lambda \in K, \tag{5.13}$$

$$f(R\lambda) \geqslant C, \quad \forall \lambda \in K. \tag{5.14}$$

若存在充分大的 R, 使得在边界上每一点 $x \in \partial\Omega$, 用 $\kappa_1, \cdots, \kappa_{n-1}$ 表示边界 $\partial\Omega$ 的主曲率, 则

$$(\kappa_1, \cdots, \kappa_{n-1}, R) \in \Gamma. \tag{5.15}$$

定理 5.1[28] 假设上面的条件均满足, 而且 φ 为常数, 则问题 (5.7) 存在唯一允许解 $u \in C^\infty(\overline{\Omega})$ 当且仅当边界满足条件 (5.15).

定理 5.2[28] 对于一般的函数 φ, 如果对 f, ψ, φ 的假设成立, 而且条件 (5.15) 满足, 则问题 (5.7) 存在唯一解 $u \in C^\infty(\overline{\Omega})$.

李松鹰在文献 [82] 中推广 L. Caffarelli, L. Nirenberg 和 J. Spruck 的结论, 得到复 Hessian 算子 Dirichlet 问题解的存在性以及正则性.

定理 5.3[82] 假设 Γ 是 $\mathbf{R}^n$ 上的对称凸锥, 且 $\Gamma_n \subset \Gamma \subset \Gamma_1$, D 是 $\mathbf{C}^n$ 中的光滑有界域. 若函数 f 是 Γ 上的严格单增的凹函数, 满足

$$\limsup_{\lambda\to\lambda_0} f(\lambda) \leqslant \psi^0 < \psi_0 = \min\{\psi(z) : z \in \overline{D}\}. \tag{5.16}$$

$$\lim_{R\to\infty} f(\lambda_1,\cdots,\lambda_{n-1},\lambda_n+R)=\lim_{R\to\infty}(R\lambda)=\infty,\quad \forall\lambda\in K. \tag{5.17}$$

如果边界函数 $\varphi\in C^\infty(\partial D)$ 能延拓到 $\underline{u}\in C^\infty(\overline{D})$ 使得

$$f(\lambda(H[\underline{u}]))\geqslant\psi(z)+\varepsilon,\quad z\in D,\quad \varepsilon>0, \tag{5.18}$$

则 Dirichlet 问题

$$f(\lambda(H[u]))=\psi>0,\ \text{在}\ \overline{D}\ \text{上};\quad u=\varphi,\ \text{在}\ \partial D\ \text{上} \tag{5.19}$$

存在唯一解 $u\in C^\infty(\overline{D})$, $\lambda(H[u])\in\Gamma$.

定理 5.4[82] 假设 Γ 是 $\mathbf{R}^n$ 上的对称凸锥, 且 $\Gamma_n\subset\Gamma\subset\Gamma_1$, D 是 $\mathbf{C}^n$ 中的光滑有界 Γ 拟凸域. 若函数 f 是 Γ 上的严格单增的凹函数, 满足条件 (5.16), (5.17), 则问题 (5.19) 存在唯一解 $u\in C^\infty(\overline{D})$, $\lambda(H[u])\in\Gamma$.

我们考虑复 Hessian 算子,

$$\sigma_k(\lambda(H[u](z)))=f(\Re z,\Im z,u,\nabla u),\quad \text{在}\ \Omega\ \text{上}, \tag{5.20}$$

具有边值

$$u(z)=+\infty,\quad \text{在}\ \partial\Omega\ \text{上}, \tag{5.21}$$

其中 $\nabla u(z_0)=p_0$ 看作 $(\Re z,\Im z)$ 的函数且 $p_0\in\mathbf{R}^{2n}$, 则 Γ_k-下调和函数是问题 (5.20) 和 (5.21) 的合理解空间. 我们将研究问题 (5.20) 和 (5.21) 的 Γ_k-下调和解的存在性.

我们主要证明以下几个定理. 关于不存在性我们有如下结论.

定理 5.5 假设 Ω 是 $\mathbf{C}^n$ 上有界域. 如果

$$0\leqslant f(z,\phi,P)\leqslant M(1+(\phi^+)^q)(1+|P|^\gamma), \tag{5.22}$$

其中 $(z,\phi,P)\in\Omega\times\mathbf{R}\times\mathbf{R}^{2n}$, 且 $q,\gamma\geqslant 0$, $q+\gamma\leqslant k$, $\phi^+=\max\{\phi,0\}$, 则问题 (5.20) 和 (5.21) 没有 Γ_k-下调和解.

定理 5.6 如果存在常数 $\alpha>1$ 和 $M>0$ 使得

$$f(z,\phi,P)\geqslant M(1+|P|^k)^{\alpha},\tag{5.23}$$

区域 Ω 包含某个半径 a 的球, 且

$$a>\left[\frac{(n-1)!(2n-k)(k+1)}{2^{k+1}k!(n-k)!M(\alpha-1)}\right]^{\frac{1}{k}},$$

则问题 (5.20) 和 (5.21) 没有 Γ_k-下调和解.

关于存在性我们有如下结论.

定理 5.7 假设 Ω 是 $\mathbf{C}^n$ 上的有界严格凸区域. 设 $f\in C^{\infty}(\overline{\Omega},\mathbf{R},\mathbf{R}^{2n})$ 对于所有 $(z,\phi,P)\in\Omega\times\mathbf{R}\times\mathbf{R}^{2n}$ 满足

$$f_{\phi}(z,\phi,P)>0,\tag{5.24}$$

且存在 $q>k$ 和 $M>0$ 使得

$$\varphi(\phi)(1+|P|^k)\geqslant f(z,\phi,P)\geqslant M(\phi^+)^q,\tag{5.25}$$

其中 $\varphi\in C^1(\mathbf{R}^n)$ 是一个正的非减函数, 满足

$$\sup_{\phi\leqslant 0}(e^{-\varepsilon\phi}\varphi(\phi))<+\infty,\tag{5.26}$$

其中 $\varepsilon>0$;

$$f^{\frac{1}{k}}(z,\phi,P)\in C^{1,1}(\Omega,\mathbf{R},\mathbf{R}^{2n})\tag{5.27}$$

是正的且关于 P 是凸的, 则问题 (5.20) 和 (5.21) 存在严格 Γ_k-下调和解 $u\in C^{0,1}(\Omega)$. 进一步地, 存在函数 $\underline{h},\overline{h}\in C(R^+)$, 当 $r\to 0$ 时 $\underline{h}(r),\overline{h}(r)\to\infty$, 满足

$$\underline{h}(d(z))\leqslant u(z)\leqslant\overline{h}(d(z)),\quad\forall z\in\Omega,\tag{5.28}$$

d 是到边界 $\partial\Omega$ 的距离函数.

5.2 主要引理

本节将给出比较原理并构造出与定理证明有关的径向闸函数.

引理 5.1 假设 $\Omega \subset \mathbf{C}^n$ 是有界区域. 若 $u, v \in C^\infty(\overline{\Omega})$ 是 Γ_k-下调和, 且在边界 $\partial\Omega$ 上 $u \leqslant v$, $f_\phi(\Re z, \Im z, \phi, P) > 0$, 则在 Ω 上 $u \leqslant v$.

证明 假设

$$u(y) - v(y) = \max_\Omega(u - v) > 0, \quad \forall y \in \Omega, \tag{5.29}$$

则由于 $(v-u)_{i\bar{j}}$ 是半正定的, 所以 $\sigma_k(\lambda(H[v])) \geqslant \sigma_k(\lambda(H[u]))$. 另一方面, 根据条件 $f_\phi > 0$ 和 $u(y) > v(y)$ 得到 $\sigma_k(\lambda(H[v])) < \sigma_k(\lambda(H[u]))$, 从而导出矛盾得到在 Ω 上 $u \leqslant v$.

定理 5.8 假设在边界 $\partial\Omega$ 上 $u = +\infty$, $v = +\infty$, 其中 u 是 Γ_k-下调和, v 是严格 Γ_k-下调和, Ω 是 $\mathbf{C}^n$ 中包含原点的有界区域. f 满足

$$(t_1, \cdots, t_{2n}) \cdot \nabla f(z, \phi, \nabla\phi) \leqslant 0, \quad P \cdot D_P f(z, \phi, \nabla\phi) \geqslant 0,$$

其中 $(z, \phi, P) \in \Omega \times \mathbf{R} \times \mathbf{R}^{2n}$, 或者成立

$$f(z, \mu\phi^+, P) \geqslant \mu^q f(z, \phi, P), \quad \forall \mu \geqslant 1, \tag{5.30}$$

其中 $(z, \phi, P) \in \Omega \times \mathbf{R} \times \mathbf{R}^{2n}$, $q > k$, 或者存在 $\varepsilon > 0$ 使得

$$f_\phi(z, \phi, \nabla\phi) \geqslant \varepsilon f(z, \phi, \nabla\phi), \tag{5.31}$$

其中 $(z, \phi, P) \in \Omega \times \mathbf{R} \times \mathbf{R}^{2n}$, 则在 Ω 上 $u \leqslant v$.

证明 考虑对于 $0 < \lambda \leqslant 1$, 函数

$$u_\lambda(x) := \lambda^\alpha u(\lambda z) - a, \quad z \in \Omega_\lambda, \tag{5.32}$$

其中 $\Omega_\lambda = \{z \in \mathbf{C}^n : \lambda z \in \Omega\}$, 且

$$\begin{cases} a = 0, \alpha = 2k/(q-k), & \text{假设 (5.30) 成立}, \\ \alpha = 0, a = -\dfrac{2k}{\varepsilon}\ln\lambda. & \text{假设 (5.31) 成立}, \end{cases} \tag{5.33}$$

通过计算, 得

$$\begin{aligned}
\sigma_k(D^2u_\lambda(z)) =& \lambda^{k(2+\alpha)}\sigma_k(D^2u(\lambda z)) \\
\geqslant& \lambda^{k(2+\alpha)}f(\lambda z, u(\lambda z), Du(\lambda z)) \\
=& \lambda^{k(2+\alpha)}f(\lambda z, \lambda^{-\alpha}(u_\lambda(z)+a), \lambda^{-(1+\alpha)}Du_\lambda(z)) \\
=& \lambda^{k(2+\alpha)}\int_0^1 \partial_t f(z + t(\lambda z - z), \lambda^{-\alpha}(u_\lambda(z)+a), \\
& Du_\lambda(z) + t(\lambda^{-(1+\alpha)}Du_\lambda(z) - Du_\lambda(z)))dt \\
& + \lambda^{k(2+\alpha)}f(z, \lambda^{-\alpha}(u_\lambda(z)+a), Du_\lambda(z)) \\
\geqslant& \lambda^{k(2+\alpha)}f(z, \lambda^{-\alpha}(u_\lambda(z)+a), Du_\lambda(z)).
\end{aligned} \tag{5.34}$$

当 (5.30) 成立时,

$$\begin{aligned}
\sigma_k(D^2u_\lambda(z)) \geqslant& \lambda^{k(2+\alpha)-aq}f(z, u_\lambda(z), Du_\lambda(z)) \\
=& f(z, u_\lambda(z), Du_\lambda(z)).
\end{aligned} \tag{5.35}$$

当 (5.31) 成立时,

$$\begin{aligned}
\sigma_k(D^2u_\lambda(z)) \geqslant& \lambda^{2k}e^{\varepsilon a}f(z, u_\lambda(z), Du_\lambda(z)) \\
=& f(z, u_\lambda(z), Du_\lambda(z)).
\end{aligned} \tag{5.36}$$

根据引理 5.1 可得 $v \geqslant u_\lambda$. 否则, 存在某个 z_0 使得 $u_\lambda(z_0) > v(z_0)$. 因为 $\overline{\Omega} \subset \Omega_\lambda$, 而且在边界上 $v - u_\lambda = +\infty$, 则有 $y \in \Omega$ 使得

$$u_\lambda(y) - v(y) = \max_{\Omega}(u_\lambda - v) > 0. \tag{5.37}$$

因此

$$\begin{aligned}f(y,u_\lambda(y),Du_\lambda(y))&\geqslant f(y,v(y),Du_\lambda(y))\\&=f(y,v(y),Dv(y))\\&\geqslant\sigma_k(D^2v)\\&>0.\end{aligned}\tag{5.38}$$

根据比较原理我们得到矛盾, 最后令 $\lambda\to1$ 得 $v\geqslant u$.

现在我们构造径向函数作为上下界. 令 $u(z)=u(|z|)$, 直接计算有

$$\sigma_k(\lambda(H[u](|z|)))=\mathrm{C}_{n-1}^{k-1}\left[\frac{u''}{4}\left(\frac{u'}{2r}\right)^{k-1}+\frac{2n-k}{2k}\left(\frac{u'}{2r}\right)^{k}\right].\tag{5.39}$$

引理 5.2 假设 $\eta\in C^1(\mathbf{R})$, 对于 $\phi\in\mathbf{R}$ 满足 $\eta(\phi)>0$, $\eta'(\phi)\geqslant0$, 则对于任意 $a>0$, 存在严格 Γ_k-下调和径向对称函数 $v\in C^2(B_a(0))$ 满足

$$\begin{cases}\sigma_k(\lambda(H[v](|z|)))\geqslant e^v\eta(v)(1+|\nabla v|^k), & z\in B_a(0),\\ v(0)\leqslant0,\ v=+\infty, & z\in\partial B_a(0).\end{cases}\tag{5.40}$$

证明 我们考虑初始值问题

$$\begin{cases}\phi'=[\exp(A_k^{-1}r^ke^\phi\eta(\phi(r)))-1]^{1/k}, & r>0,\\ \phi(0)=0.\end{cases}\tag{5.41}$$

在 $[0,R)$ 上问题 (5.41) 可解而且 $R<\infty$. 事实上,

$$\begin{aligned}\phi'(r)&\geqslant r[A_k^{-1}e^\phi\eta\phi]^{1/k}\\&\geqslant r[A_k^{-1}e^{\phi(r)}\eta(0)]^{1/k},\quad 0<r<R.\end{aligned}\tag{5.42}$$

由于 $\phi(0)=0$, 则当 $\rho\in(0,R)$ 时,

$$k\geqslant k(1-e^{-\phi/k})$$

$$
\begin{aligned}
&= \int_0^{\rho} \phi'(r) e^{-\rho(r)/k} dr \\
&\geqslant \left(\frac{\eta(0)}{A_k}\right)^{1/k} \int_0^{\rho} r dr \\
&= \frac{1}{2}\left(\frac{\eta(0)}{A_k}\right)^{1/k} \rho^2.
\end{aligned}
\tag{5.43}
$$

进一步地, 知 $\phi \in C^2[0,R)$ 且 $\phi(R)=+\infty$.

$$
\ln(1+(\phi')^k) = A_k^{-1} r^k e^{\phi} \eta(\phi), \tag{5.44}
$$

微分得

$$
\frac{k(\phi')^{k-1}\phi''}{1+(\phi')^k} \geqslant k A_k^{-1} r^{k-1} e^{\phi} \eta(\phi). \tag{5.45}
$$

再令, 对于给定的 a,

$$
v(z) := \phi\left(\frac{R|z|}{a}\right) - 2k\left(-\ln\frac{R}{a}\right)^+, \quad z \in B_a(0), \tag{5.46}
$$

直接计算可得 v 即是引理 5.2 中的函数, 而且满足

$$
\begin{aligned}
\sigma_k(D^2 v(z)) =& \left(\frac{R}{a}\right)^{2k} A_k \left(\frac{R|z|}{a}\right)^{1-n} \left[k\left(\frac{R|z|}{a}\right)^{n-k}\left(\phi'\left(\frac{R|z|}{a}\right)\right)^{k-1}\right. \\
&\left.\times \phi''\left(\frac{R|z|}{a}\right) + (n-k)\left(\frac{R|z|}{a}\right)^{n-k-1}\left(\phi'\left(\frac{R|z|}{a}\right)\right)^{k}\right] \\
\geqslant& \left(\frac{R}{a}\right)^{2k} A_k \left(\frac{R|z|}{a}\right)^{1-k} k\left(\phi'\left(\frac{R|z|}{a}\right)\right)^{k-1} \phi''\left(\frac{R|z|}{a}\right) \\
\geqslant& \left(\frac{R}{a}\right)^{2k} e^{\phi(\frac{R|z|}{a})} \eta\left(\phi\left(\frac{R|z|}{a}\right)\right)\left[1+\left(\phi'\left(\frac{R|z|}{a}\right)\right)^k\right] \\
\geqslant& e^{v(z)} \eta(v(z))(1+|Dv(z)|^k).
\end{aligned}
\tag{5.47}
$$

注记 5.1 给定 a 和 η, 在后面我们记引理 5.2 中的 $v \in C^2(B_a(0))$ 为 $v^{a,\eta}$. 由于是径向对称的, 则

$$
v^{a,\eta}(z) = v^{a,\eta}(|z|). \tag{5.48}
$$

引理 5.3 设 $u \in C^2(\Omega)$ 是问题 (5.20) 和 (5.21) 的严格 Γ_k-下调和解, 其中 Ω 是包含球 $B_a(z_0)$ 的区域. 若

$$f(z, \phi, P) \leqslant e^{\phi}\eta(\phi)(1 + |P|^k), \quad \forall (z, \phi, P) \in \overline{\Omega} \times \mathbf{R} \times \mathbf{R}^{2n},$$

其中 $\eta \in C^1(\mathbf{R})$ 满足 $\eta(\phi) > 0$ 和 $\eta'(\phi) \geqslant 0$, 则对于所有 $z \in \Omega$, $u(z) \geqslant v^{a,\eta}(z - z_0)$.

直接计算可得当 $q > k$ 时, 函数

$$w(z) := (1 - |z|^2)^{\frac{k+1}{k-q}}$$

是严格 Γ_k-下调和函数且满足不等式

$$\sigma_k(\lambda(H[w](|z|))) \leqslant C(n, k, q)w^q, \quad \text{在 } B_1(0) \text{ 上},$$

其中 C 是仅依赖于 n, k, q 的常数. 通过伸缩变换有如下结论.

引理 5.4 设 $a, M > 0$ 且 $q > k$, $w^{a,M} \in C^\infty(B_a(0))$, 在边界 $\partial B_a(0)$ 上 $w^{a,M} = +\infty$, 根据

$$w^{a,M}(z) := \mu w\left(\frac{z}{a}\right), \quad z \in B_a(0),$$

其中

$$\mu = \left(\frac{C(n, k, q)}{a^{2k}M}\right)^{1/(q-k)},$$

则

$$\sigma_k(\lambda(H[w](|z|))) \leqslant M(w^{a,M})^q, \quad \text{在 } B_a(0) \text{ 上}.$$

引理 5.5 假设 $u \in C^2(\Omega)$ 是 (5.20) 的严格 Γ_k-下调和解. 假设 f 满足 (5.24) 且 $q > k$, Ω 包含球 $B_a(z_0)$, $M > 0$, 则对于所有 $z \in B_a(z_0)$, $u(z) \leqslant w^{a,M}(z - z_0)$.

注记 5.2 假设 $u \in C^2(\Omega)$ 是 (5.20) 的严格 Γ_k-下调和解. 若 f 满足 (5.25) 对于 $q > k$ 和 $M > 0$, 则

$$u(z) \leqslant \overline{h}(d(z)), \quad \forall z \in \Omega,$$

其中 $\overline{h}(r) := w^{r,M}(0) \in C^\infty(\mathbf{R}^+)$, $r > 0$.

5.3 不存在性的证明

为了证明定理 5.5, 我们需要在全空间上构造当 f 满足条件 (5.22) 时方程 (5.20) 的下解.

引理 5.6 假设 $\gamma, q \geqslant 0$, $\gamma + q \leqslant k$ 和 $M > 0$, 则存在严格正的 Γ_k-下调和径向对称函数 $\tilde{u} \in C^\infty(\mathbf{C}^n)$ 满足

$$\sigma_k(\lambda(H[\tilde{u}](|z|))) \geqslant M(1 + (\tilde{u})^q)(1 + |\nabla \tilde{u}|^\gamma), \quad \forall z \in \mathbf{C}^n. \tag{5.49}$$

证明 我们给出简略的证明. 首先, 对于任意的 $p', q' \geqslant 0, p' + q' \leqslant n$ 和 $M' > 0$, 根据文献 [59] 中的引理 3.7, 有 $\tilde{u} \in C^\infty(\mathbf{C}^n)$ 满足

$$\sigma_n(\lambda(H[\tilde{u}](|z|))) \geqslant M'(1 + (\tilde{u})^{p'})(1 + |\nabla \tilde{u}|^{q'}).$$

然后, 根据文献 [102] 中的不等式

$$\left[\frac{1}{\mathrm{C}_n^k}\sigma_k\right]^{\frac{1}{k}} \leqslant \left[\frac{1}{\mathrm{C}_n^{k-1}}\sigma_{k-1}\right]^{\frac{1}{k-1}} \leqslant \cdots \leqslant \frac{1}{n}\sigma_1 \tag{5.50}$$

得到

$$\mathrm{C}_n^k \sigma_n^{\frac{k}{n}} \leqslant \sigma_k, \quad \forall \lambda \in \Gamma_n. \tag{5.51}$$

最后, 存在一个正常数 $C'(n,k) = 2^{\frac{k}{n}-1}$ 使得

$$(1+t)^{\frac{k}{n}} \geqslant C'(1 + t^{\frac{k}{n}}), \quad \forall t \geqslant 0. \tag{5.52}$$

从而证明了不等式 (5.49).

定理 5.5 的证明　我们采用反证法. 假设 $u \in C^2(\Omega)$ 是方程 (5.20) 和 (5.21) 的 Γ_k-下调和解. Ω 有界和 f 满足条件 (5.22). 令 $\tilde{u} \in C^\infty(\mathbf{C}^n)$ 满足引理 5.6 中的 (5.49). 注意到在边界 $\partial\Omega$ 上 $u - C\tilde{u} = \infty$, 其中常数 $C > 0$. 由于 $\tilde{u} > 0$, 我们可以选取 $C > 1$ 使得

$$u(z_0) - C\tilde{u}(z_0) = \min_{\Omega}(u - C\tilde{u}) < 0,$$

其中 $z_0 \in \Omega$. 因此 $\nabla u(z_0) = C\nabla\tilde{u}(z_0)$ 和 $H(u) - CH(\tilde{u})(z_0)$ 是半正定矩阵.

另一方面, 由条件 (5.22) 得

$$\begin{aligned}\sigma_k(\lambda(H[u](z_0))) &\leqslant M(1 + (u^+(z_0))^q)(1 + |\nabla u(z_0)|^\gamma)\\ &\leqslant M(1 + (C\tilde{u}(z_0))^q)(1 + C|\nabla\tilde{u}(z_0)|^\gamma)\\ &< C^k M(1 + (\tilde{u}(z_0))^q)(1 + |\nabla\tilde{u}(z_0)|^\gamma)\\ &\leqslant C^k\sigma_k(\lambda(H[\tilde{u}](z_0)))\\ &= \sigma_k(C(H[\tilde{u}](z_0))),\end{aligned} \tag{5.53}$$

这与 $((u - C\tilde{u})_{i\bar{j}}(z_0))$ 为半正定矩阵矛盾.

引理 5.7　对于任意的 $\alpha > 1$ 和 $a > 0$, 存在一个严格 Γ_k-下调和径向对称函数 $\bar{u} \in C^2(B_a(0))$ 满足

$$\sigma_k(\lambda(H[\bar{u}])) \leqslant \frac{(n-1)!(2n-k)(k+1)}{2^{k+1}k!(n-k)!a^k(\alpha-1)}[1 + |\nabla\bar{u}|^k]^\alpha, \quad 在\ B_a(0)\ 上, \tag{5.54}$$

且

$$\frac{\partial\bar{u}}{\partial\nu} = +\infty, \quad 在\ \partial B_a(0)\ 上, \tag{5.55}$$

其中 ν 为边界 $\partial B_a(0)$ 的单位法向.

证明 令

$$\varphi(r)=\begin{cases}\displaystyle\int_0^r\left[\frac{(1-t^{k+1})^{-1/(\alpha-1)}-1}{t}\right]^{\frac{1}{k}}dt, & r\in(0,1),\\ 0, & r=0.\end{cases}\tag{5.56}$$

容易验证

$$\varphi\in C^2[0,1],\quad \varphi(0)=\varphi'(0)=0,\quad \varphi'\geqslant 0,\quad \varphi''>0,\quad 在\ [0,1)上$$

和

$$\begin{aligned}(r(\varphi'(r))^k)'&=(\varphi'(r))^k+kr(\varphi'(r))^{k-1}\varphi''(r)\\&=\frac{k+1}{\alpha-1}r^k(1+r(\varphi'(r))^k)^\alpha.\end{aligned}\tag{5.57}$$

我们称在 $[0,1)$ 上有 $\varphi'\geqslant 0$ 且 $\varphi''>0$. 事实上,

$$\varphi'(r)=\left[\frac{(1-r^{k+1})^{-\frac{1}{\alpha-1}}-1}{r}\right]^{\frac{1}{k}},\quad \forall r\in(0,1),\tag{5.58}$$

则

$$\lim_{r\to 0^+}\varphi'(r)=0,\quad \lim_{r\to 1^-}=+\infty,\quad \varphi'\geqslant 0,\tag{5.59}$$

且

$$\begin{aligned}\varphi''(0)&=\lim_{r\to 0^+}\frac{[(1-r^{k+1})^{-\frac{1}{\alpha-1}}-1]^{\frac{1}{k}}}{r^{\frac{1}{k}+1}}\\&=\lim_{t\to 0^+}\left[\frac{(1-t)^{-\frac{1}{\alpha-1}}-1}{t}\right]^{\frac{1}{k}}\\&=\left(\frac{1}{\alpha-1}\right)^{\frac{1}{k}}\\&>0,\end{aligned}\tag{5.60}$$

则令 $\bar{u}(z) = a\varphi(a^{-1}|z|), \quad z \in B_a(0)$. 因此 $\bar{u} \in C^2(B_a(0))$ 是严格 Γ_k-subharmonic 函数, 直接计算得到

$$
\begin{aligned}
&\sigma_k(\lambda(H[\bar{u}](z)))\\
=&\frac{\mathrm{C}_{n-1}^{k-1}}{a^k}\left(\frac{2|z|}{a}\right)^{-k}\left[\frac{2n-k}{2k}\left(\varphi'\left(\frac{|z|}{a}\right)\right)^k\right.\\
&\left.+\frac{|z|}{2a}\left(\varphi'\left(\frac{|z|}{a}\right)\right)^{k-1}\left(\varphi''\left(\frac{|z|}{a}\right)\right)\right]\\
=&\frac{\mathrm{C}_{n-1}^{k-1}}{2^{k+1}ka^k}\left(\frac{|z|}{a}\right)^{-k}\left[(2n-k)\left(\varphi'\left(\frac{|z|}{a}\right)\right)^k\right.\\
&\left.+k\frac{|z|}{a}\left(\varphi'\left(\frac{|z|}{a}\right)\right)^{k-1}\left(\varphi''\left(\frac{|z|}{a}\right)\right)\right]\\
\leqslant&\frac{\mathrm{C}_{n-1}^{k-1}(2n-k)(k+1)}{2^{k+1}ka^k(\alpha-1)}\left[1+\frac{|z|}{a}\left(\varphi'\left(\frac{|z|}{a}\right)\right)^k\right]^\alpha\\
\leqslant&\frac{(n-1)!(2n-k)(k+1)}{2^{k+1}k!(n-k)!a^k(\alpha-1)}[1+|\nabla(\bar{u})(z)|^k]^\alpha, \quad 在\ B_a(0)\ 上. \qquad (5.61)
\end{aligned}
$$

定理 5.6 的证明　我们假设 $\overline{B_a(0)} \subset \Omega$. 反证若 $u \in C^2(\Omega)$ 是方程 (5.20) 和 (5.21) 的 Γ_k-下调和解. 选择引理 5.7 中的函数 $\bar{u}$, 则有

$$\sigma_k(\lambda(H[\bar{u}](z))) < M(1+|\nabla(\bar{u}(z))|^k)^\alpha, \quad 在\ B_a(0)\ 上 \qquad (5.62)$$

和

$$\frac{\partial(\bar{u}-u)}{\partial\nu} = +\infty, \quad 在\ \partial B_a(0)\ 上. \qquad (5.63)$$

对于 $y \in B_a(0)$, 有

$$\bar{u}(y) - u(y) = \min_{B_a(0)}(\bar{u}-u). \qquad (5.64)$$

应用定理 5.6 中的假设 (5.23) 和类似定理 5.5 中证明过程得到矛盾, 从而得到定理的证明.

5.4 存在性的证明

定理 5.7 的证明 首先考虑 Ω 光滑的情形. 我们通过取极限的办法找到定理 5.7 的解. 对于每一个整数 $m \geqslant 1$, 考虑 Dirichlet 问题

$$\begin{cases} \sigma_k(\lambda(H[u](z))) = f(\Re z, \Im z, u, \nabla u), & \text{在 } \Omega \text{ 上}, \\ u = m, & \text{在 } \partial\Omega \text{ 上}. \end{cases} \tag{5.65}$$

根据假设条件 (5.26), 可以找到正的非减函数 $\eta \in C^\infty$ 使得

$$\max_{y \leqslant \phi} \varphi(y) \leqslant e^{\varepsilon\phi}\eta(\phi).$$

我们取 $\varepsilon = 1$. 由于 Ω 有界, 选择 $r > 0$ 充分大使得 $\Omega \subset B_r(0)$ 和在边界 $\partial\Omega$ 上 $v^{r,\eta} \leqslant 1$(v 的选取参看引理 5.2 和注记 5.2). 根据引理 5.1 对于方程 (5.65) 的 Γ_k-下调和解 $u_m \in C^2$ 在 $\overline{\Omega}$ 上 $v^{r,\eta} \leqslant u \leqslant m$. 令

$$C_m^0 = \max\{m, \sup|v^{r,\eta}|\}, \quad \forall m \geqslant 1.$$

为了得到方程 (5.65) 的解, 我们应用文献 [46] 中的结论. L. Caffarelli, L. Nirenberg, J. Spruck 在文献 [28] 中证明对于每一个 m 和任意的常数 $C_m > 0$, 存在多重下调和解 $\underline{u}_m \in C^2(\overline{\Omega})$ 满足

$$\begin{cases} \det((\underline{u}_m)_{i\bar{j}}) = C_m(1 + |\nabla \underline{u}_m|^n), & \text{在 } \Omega \text{ 上}, \\ \underline{u}_m = m, & \text{在 } \partial\Omega \text{ 上}, \end{cases} \tag{5.66}$$

从而根据 (5.51) 和 (5.52), 选择 C_m 使得 $2^{k-1}\mathrm{C}_n^k(C_m)^{\frac{k}{n}} \geqslant \varphi(C_m^0)$, 得

$$\begin{cases} \sigma_k(\lambda(H[\underline{u}_m](z))) \geqslant \varphi(C_m^0)(1 + |\nabla \underline{u}_m|^k), & \text{在 } \Omega \text{ 上}, \\ \underline{u}_m = m, & \text{在 } \partial\Omega \text{ 上}, \end{cases} \tag{5.67}$$

这意味着对于每一个 m 而言 $\underline{u}_m$ 是方程 (5.65) 的下解. 又因为 φ 是非减函数且在 Ω 上 $\underline{u}_m \leqslant m$, 则根据下解和假设条件, 根据文献 [46] 中下解蕴涵解的结论, 问题 (5.65) 对于每一个固定的 m 存在唯一 Γ_k-下调和解 $u_m \in C^\infty$. 更进一步, 在边界 $\partial\Omega$ 上 $u_m = m < m+1 = u_{m+1}$. 根据定理 5.7 中条件 (5.24), 有

$$u_m \leqslant u_{m+1}, \quad \forall m \geqslant 1. \tag{5.68}$$

引理 5.8　存在仅依赖于区域 Ω 的 $a > 0$ 和递减序列 $a_m \to a(m \to \infty)$ 使得

$$v^{a_m,\eta}(a - d(z)) \leqslant u_m(z) \leqslant \overline{h}(d(z)), \quad \forall z \in \Omega, \quad m \geqslant 1, \tag{5.69}$$

其中 $d(z)$ 是到边界 $\partial\Omega$ 的距离函数.

引理 5.8 的证明　事实上, 结论 (5.69) 中第二个不等式根据注记 5.2 可以直接得到. 在此我们只需证明第一个不等式. 根据 Ω 是严格凸区域可以找到最小的正数 a, 使得对于任意的 $\bar{z} \in \partial\Omega$, 存在球 $B_a(z_0) \supset \Omega$ 满足 $\overline{\Omega} \cap \partial B_a z_0 = \bar{z}$. 选择 $a_1 > a_2 > \cdots > a_m > a_{m+1} > \cdots$, 当 $m \to \infty$ 时 $a_m \to a$ 使得对于 $m \geqslant 1$ 有 $v^{a_m,\eta}(a) = m$. 对于任意的 $y \in \Omega$, 选取 $\bar{y} \in \partial\Omega$ 和球 $B_a(z_0)$ 使得 $d(y) = |y - \bar{y}|$, $\Omega \subset B_a(z_0)$ 和 $\overline{\Omega} \cap \partial B_a(z_0) = \bar{y}$. 注意到

$$v^{a_m,\eta}(z - z_0) \leqslant v^{a_m,\eta}(a) = m \leqslant u_m(z), \quad \forall\, z \in \partial\Omega,$$

根据引理 5.1 有

$$v^{a_m,\eta}(z - z_0) \leqslant u_m(z), \quad \forall z \in \Omega.$$

特别地

$$v^{a_m,\eta}(a - d(y)) = v^{a_m,\eta}(y - z_0) \leqslant u_m(y).$$

由于 $y \in \Omega$ 的任意性, (5.69) 中的第一个不等式成立.

现在我们继续定理 5.7 的证明. 根据 (5.68) 和 (5.69), 对于每一个 $z \in \Omega$, 极限

$$u(z) = \lim_{m \to \infty} u_m(z)$$

存在且满足

$$v^{a,\eta}(a - d(z)) \leqslant u(z) \leqslant \overline{h}(d(z)), \quad \forall z \in \Omega. \tag{5.70}$$

更进一步地, 根据 N. S. Trudinger 在文献 [112] 中的定理 3.1 与 K. S. Chou 和 X. J. Wang 在文献 [38] 中的方法, $\{u_m\}$ 在紧集 $K \subset \Omega$ 上为一致收敛. 根据黏性解在一致收敛下的稳定性定理, 得到 u 是问题 (5.20) 和 (5.21) 的黏性 Γ_k-下调和解. 根据不等式 (5.70) 得到定理 5.7 中的不等式 (5.28).

最后, 假设 Ω 不是光滑区域, 我们可以选择一列光滑严格凸的区域

$$\Omega_1 \subset \cdots \subset \Omega_m \subset \cdots \subset \Omega$$

使得

$$\Omega = \bigcup_{m=1}^{\infty} \Omega_m.$$

剩下的证明类似于实的 Hessian 方程的情形.

注记 5.3 不存在性定理 5.5 和定理 5.6 说明在存在性定理 5.7 中所需条件是近似最优的.

5.5 渐 近 性

本节讨论在有界区域上边界爆破的复 Hessian 方程 Γ-下调和解的渐近性.

5.5.1 主要结论

我们主要考虑复 Hessian 方程的边界爆破问题

$$\begin{cases} \sigma_k(\lambda(H[u](z))) = g(z)f(u), & z \in \Omega, \\ u(z) = \infty, & z \in \partial\Omega, \end{cases} \tag{5.71}$$

其中 $g(z) \in C^\infty(\overline{\Omega})$ 是 Ω 上的正函数, $f \in C[0,\infty) \cap C^\infty(0,\infty)$ 是正的单增函数, 而且 Ω 是 $\mathbf{C}^n$ 上具有光滑边界的有界域. 边界条件意味着当 $d(z) = \mathrm{dist}(z, \partial\Omega) \to 0$ 时 $u(z) \to \infty$.

对于实的情形, 有很多文章讨论存在性、唯一性以及渐近性, 例如 [29]—[31], [36], [46], [48], [59], [94], [100], [120].

我们考虑当区域 Ω 的特征值在凸锥 Γ_k 上时的渐近性.

定理 5.9(渐近性) 假设 Ω 是 $\mathbf{C}^n$ 上的有界光滑区域. $f \in \mathbf{RV}_q$, 其中 $q > k$ 且存在 $m \in \Re_l$ 使得

$$0 < \beta^- = \lim\inf_{d(z)\to 0} \frac{g(z)}{m^{k+1}(d(z))}$$

和

$$\lim\sup_{d(z)\to 0} \frac{g(z)}{m^{k+1}(d(z))} = \beta^+ < \infty, \tag{5.72}$$

则问题 (5.71) 的 Γ_k-下调和 u_∞ 解满足

$$\xi^- \leqslant \lim\inf_{d(z)\to 0} \frac{u_\infty(z)}{\varphi(d(z))} \quad 和 \quad \lim\sup_{d(z)\to 0} \frac{u_\infty(z)}{\varphi(d(z))} \leqslant \xi^+, \tag{5.73}$$

其中 φ 是

$$\varphi(t) = \wp^{\leftarrow}\left(\left(\int_0^t m(s)ds\right)^{-k-1}\right), \quad 对任意小的 t > 0, \tag{5.74}$$

且 $\xi^\pm$ 是正常数,

$$\frac{(\xi^+)^{k-q}}{\beta^-} \max_{\partial\Omega} \sigma_{k-1} = \frac{(\xi^-)^{k-q}}{\beta^+} \min_{\partial\Omega} \sigma_{k-1} = \frac{[(q-k)/(k+1)]^{k+1}}{1 + l(q-k)/(k+1)}. \tag{5.75}$$

定理 5.10 假设 Ω 是 $\mathbf{C}^n$ 上半径为 $R>0$ 的球. $f\in \mathbf{RV}_q$, 其中 $q>k$. 若当 $d(z)\to 0$ 时 $g(z)\sim m^{k+1}(d(z))$, 其中 $m\in \Re_l$, 则问题 (5.71) 的 Γ_k-下调和解满足

$$u(z)\sim\left\{\frac{[(q-k)/(k+1)]^{k+1}R^{k-1}}{1+l(q-k)/(k+1)}\right\}^{1/(k-q)}\varphi(d(z)). \tag{5.76}$$

5.5.2 主要引理

引理 5.9 假设 Ω 是 $\mathbf{C}^n$ 中的开集. 若 $b\in C^2(\Omega)$ 和 $h\in C^2(R)$, 则

$$\begin{aligned}\sigma_k[\partial_{i\bar{j}}h(b(z))]=&[h'(b(z))]^{k-1}h''(b(z))\sigma_{k-1}[\mathrm{Co}(\partial_{i\bar{j}}b(z))]\partial_i b(z)\partial_{\bar{j}}b(z)\\&+[h'(b(z))]^k\sigma_k\partial_{i\bar{j}}b(z),\quad \forall z\in\Omega,\end{aligned}\tag{5.77}$$

其中 $\mathrm{Co}(\partial_{i\bar{j}}b(z))$ 表示矩阵 $\partial_{i\bar{j}}b(z)$ 的伴随.

当 $\mu>0$ 时, 令 $\Gamma_\mu=\{z\in\overline{\Omega}:d(z)<\mu\}$.

定理 5.11 假设 Ω 是 $\mathbf{C}^n$ 中的有界光滑区域. 若 $\mu>0$ 充分小使得 $d\in C^2(\Gamma_\mu)$ 且 $h\in C^2(0,\mu)$. 令 $\hat{z_0}\in\Gamma_\mu/\partial\Omega$ 和 $z_0\in\partial\Omega$ 使得 $|\hat{z_0}-z_0|=d(z_0)$, 则

$$\begin{aligned}\sigma_k[\partial_{i\bar{j}}h(d(\hat{z_0}))]=&[-h'(d(\hat{z_0}))]^{k-1}h''(d(\hat{z_0}))\sigma_{k-1}[\mathrm{Co}(\partial_{i\bar{j}}\rho)]\partial_i\rho\partial_{\bar{j}}\rho\\&+[-h'(d(\hat{z_0}))]^k\sigma_k[\partial_{i\bar{j}}\rho(\hat{z_0})],\end{aligned}\tag{5.78}$$

其中 $\rho(z)=-d(z)$.

引理 5.10 假设 $m\in\Re_l$ 和 $f\in\mathbf{RV}_q$, 其中 $q>k$. 如果 φ 如 (5.74) 中定义, 则存在函数 $\psi\in C^{0,\tau}$, 其中 $\tau>0$ 满足 $\lim_{t\to 0}\dfrac{\psi(t)}{\varphi(t)}=1$, 而且有

(i) $\lim_{t\to 0}\dfrac{\psi(t)\psi''(t)}{[\psi'(t)]^2}=1+\dfrac{(q-k)l}{k+1}$;

(ii) $\lim_{t\to 0}\dfrac{[-\psi'(t)]^{k-1}\psi''(t)}{m^{k+1}(t)f(\psi(t))}=\left(\dfrac{k+1}{q-k}\right)^{k+1}\left[1+\dfrac{(q-k)l}{k+1}\right]$.

证明　记 $b(u) = f(u)/u^k$. 因为 $b \in \mathbf{RV}_{q-k}$ 和 $q > k$, 根据性质 4.3 和文献 [32] 中的注记 4.8 我们推断存在函数 $\widehat{b} \in C^2(o,\tau)$ 使得 $\lim_{u\to\infty} \widehat{b}(u)/b(u) = 1$ 和

$$\lim_{u\to\infty} \frac{u\widehat{b}'(u)}{\widehat{b}(u)} = q-k, \quad \lim_{u\to\infty} \frac{u\widehat{b}''(u)}{\widehat{b}'(u)} = q-k-1. \tag{5.79}$$

$$\widehat{b}(\psi(t)) = \left(\int_0^t m(s)ds\right)^{-k-1}, \quad 对于充分小的\ t > 0. \tag{5.80}$$

注意到

$$\varphi(t) = \wp^{\leftarrow}\left(\left(\int_0^t m(s)ds\right)^{-k-1}\right), \quad 对于充分小的\ t > 0. \tag{5.81}$$

因此由性质 4.2 得

$$\lim_{t\to 0} \frac{\widehat{b}^{\leftarrow}\left(\left(\int_0^t m(s)ds\right)^{-k-1}\right)}{\wp^{\leftarrow}\left(\left(\int_0^t m(s)ds\right)^{-k-1}\right)} = 1. \tag{5.82}$$

根据 $\widehat{b}$ 的逆定义得

$$\lim_{t\to 0} \frac{\psi(t)}{\varphi(t)} = \lim_{t\to 0} \frac{\widehat{b}^{\leftarrow}\left(\left(\int_0^t m(s)ds\right)^{-k-1}\right)}{\wp^{\leftarrow}\left(\left(\int_0^t m(s)ds\right)^{-k-1}\right)} = 1. \tag{5.83}$$

对 $\widehat{b}$ 求微分得

$$\widehat{b}'(\psi(t))\psi'(t) = -(k+1)\left(\int_0^t m(s)ds\right)^{-k-2} m(t), \quad 对于充分小的\ t > 0. \tag{5.84}$$

则

$$\frac{\psi'(t)}{\psi(t)} \sim \frac{-(k+1)}{q-k} \frac{m(t)}{\displaystyle\int_0^t m(s)ds}, \quad t \to 0. \tag{5.85}$$

对 $\widehat{b}$ 求两次微分得

$$\begin{aligned} &\widehat{b}'(\psi(t)) \frac{(\psi'(t))^2}{\psi(t)} \left(q-k-1+\frac{\psi(t)\psi''(t)}{(\psi'(t))^2} \right) \\ \sim &(k+1)(k+1+l)m^2(t) \left(\int_0^t m(s)ds \right)^{-k-3}. \end{aligned} \tag{5.86}$$

现在我们有

$$\frac{k+1}{q-k} \left(q-k-1+\frac{\psi(t)\psi''(t)}{(\psi'(t))^2} \right) \sim (k+1+l), \tag{5.87}$$

则

$$\lim_{t\to 0} \left(-\frac{\psi'(t)}{\psi(t)} \right)^{k+1} \frac{1}{m^{k+1}(t)\widehat{b}(\psi(t))} = \left(\frac{k+1}{q-k} \right)^{k+1}. \tag{5.88}$$

5.5.3 渐近性的证明

证明 固定 $\varepsilon \in (0, 1/2)$. 选取 $\delta > 0$ 充分小使得

(a) m 在 $(0, 2\delta)$ 上非减;

(b) 当 $z \in \Omega_{2\delta}$ 时 $\beta^- m^{k+1}(d(z)) \leqslant g(z) \leqslant \beta^+ m^{k+1}(d(z))$, 其中对于 $\lambda > 0$, 令 $\Omega_\lambda = \{z \in \Omega : d(z) < \lambda\}$;

(c) $d(z)$ 是 $\Gamma_{2\delta} = \{z \in \overline{\Omega} : d(z) < 2\delta\}$ 上的 C^2 函数;

(d) 在 $(0, 2\delta)$ 上 $\psi' < 0$ 和 $\psi, \psi'' > 0$, 其中 ψ 是引理 5.10 中定义的.

固定 $\tau \in (0, \delta)$. $\xi^\pm$ 由 (5.75) 给定, 令

$$\eta^\pm = [(1 \mp 2\varepsilon)]^{1/(k-q)} \xi^\pm. \tag{5.89}$$

定义

$$\begin{cases} v_\tau^+(z) = \eta^+ \psi(d(z) - \tau), & \forall z \in \Omega_{2\delta}/\overline{\Omega_\tau}, \\ v_\tau^-(z) = \eta^- \psi(d(z) + \tau), & \forall z \in \Omega_{2\delta-\tau}. \end{cases} \tag{5.90}$$

第一步: 我们证明在边界附近, $v_\tau^+(\text{resp.}v_\tau^-)$ 是问题 (5.71) 的上 (下) 解, 即

$$\begin{cases} \sigma_k[\partial_{i\bar{j}}v_\tau^+(z)] \leqslant g(z)f(v_\tau^+(z)), & \forall z \in \Omega_{2\delta}/\overline{\Omega_\tau}, \\ \sigma_k[\partial_{i\bar{j}}v_\tau^-(z)] \geqslant g(z)f(v_\tau^-(z)), & \forall z \in \Omega_{2\delta-\tau}. \end{cases} \tag{5.91}$$

根据 (a) 和 (b), 有

$$\begin{cases} \sigma_k[\partial_{i\bar{j}}v_\tau^+(z)] \leqslant \beta^- m^{k+1}(d(z))f(v_\tau^+(z)), & \forall z \in \Omega_{2\delta}/\overline{\Omega_\tau}, \\ \sigma_k[\partial_{i\bar{j}}v_\tau^-(z)] \geqslant \beta^+ m^{k+1}(d(z))f(v_\tau^-(z)), & \forall z \in \Omega_{2\delta-\tau}. \end{cases} \tag{5.92}$$

记 $M^+ = \max\sigma_{k-1}[\text{Co}(\partial_{i\bar{j}}\rho(z))]$ 和 $M^- = \min\sigma_{k-1}[\text{Co}(\partial_{i\bar{j}}\rho(z))]$.

根据定理 5.11, 得

$$\begin{aligned} \sigma_k[\partial_{i\bar{j}}v_\tau^-] &= (\eta^-)^k[-\psi'(d(z)+\tau)]^{k-1}\psi''(d(z)+\tau)\sigma_{k-1} \\ &\quad \times[\text{Co}(\partial_{i\bar{j}}\rho(z))]\partial_i\rho(z)\partial_{\bar{j}}\rho(z) \\ &\geqslant (\eta^-)^k M^-[-\psi'(d(z)+\tau)]^{k-1}\psi''(d(z)+\tau), \end{aligned} \tag{5.93}$$

$$\begin{aligned} \sigma_k[\partial_{i\bar{j}}v_\tau^+] &= (\eta^+)^k[-\psi'(d(z)-\tau)]^{k-1}\psi''(d(z)-\tau)\sigma_{k-1} \\ &\quad \times[\text{Co}(\partial_{i\bar{j}}\rho(z))]\partial_i\rho(z)\partial_{\bar{j}}\rho(z) \\ &\quad +(\eta^+)^k[-\psi'(d(z)-\tau)]^k\sigma_k[\partial_{i\bar{j}}\rho(z)] \\ &= A+B, \quad \forall z \in \Omega_{2\delta}/\overline{\Omega_\tau}, \end{aligned} \tag{5.94}$$

其中

$$\begin{aligned} A &= (\eta^+)^k[-\psi'(d(z)-\tau)]^{k-1}\psi''(d(z)-\tau) \\ &\quad \times \sigma_{k-1}[\text{Co}(\partial_{i\bar{j}}\rho(z))]\partial_i\rho(z)\partial_{\bar{j}}\rho(z), \\ B &= (\eta^+)^k[-\psi'(d(z)-\tau)]^k\sigma_k[\partial_{i\bar{j}}\rho(z)]. \end{aligned}$$

根据计算

$$B \leqslant (\eta^+)^k\sigma_k[\partial_{i\bar{j}}\rho(z)](-\psi')^k$$

$$
\begin{aligned}
&\leqslant(\eta^{+})^{k}\sigma_{k}[\partial_{i\bar{j}}\rho(z)]\frac{(-\psi')^{k-1}\psi''(-\psi')}{\psi''}\\
&=(\eta^{+})^{k}\sigma_{k}[\partial_{i\bar{j}}\rho(z)](-\psi')^{k-1}\psi''\frac{(-\psi')(-\psi')}{\psi''\psi}\frac{\psi}{-\psi'}.
\end{aligned}\tag{5.95}
$$

根据引理 5.10, 得 $\lim_{d(z)\to 0}B=0$. 因此仅需考虑 A.

$$
A\leqslant(\eta^{+})^{k}M^{+}(-\psi'(d(z)-\tau))^{k-1}\psi''(d(z)-\tau),\tag{5.96}
$$

$$
\sigma_{k}[\partial_{i\bar{j}}v_{\tau}^{+}]\leqslant(\eta^{+})^{k}M^{+}[-\psi'(d(z)-\tau)]^{k-1}\psi''(d(z)-\tau),\quad \forall z\in\Omega_{2\delta}/\overline{\Omega_{\tau}}.\tag{5.97}
$$

因此, 为了得到 (5.92) 只要证明

$$
\lim_{t\to 0}\frac{(\eta^{+})^{k}M^{+}}{\beta^{-}}\frac{[-\psi'(t)]^{k-1}\psi''(t)}{m^{k+1}(t)f(\eta^{+}\psi(t))}=1-2\varepsilon,\tag{5.98}
$$

$$
\lim_{t\to 0}\frac{(\eta^{-})^{k}M^{-}}{\beta^{+}}\frac{[-\psi'(t)]^{k-1}\psi''(t)}{m^{k+1}(t)f(\eta^{-}\psi(t))}=1+2\varepsilon.\tag{5.99}
$$

根据 $f\in\mathbf{RV}_{q}$、引理 5.10 和 (5.89) 中 $\eta^{\pm}$ 的选取, (5.98) 和 (5.99) 成立.

第二步: 验证问题 (5.71) 的解 u_{∞} 满足 (5.73). 令 $C=\max_{d(z)=\delta}u_{\infty}(z)$. 注意到

$$
\begin{cases}
v_{\tau}^{+}(z)+C=\infty>u_{\infty}(z), & \forall z\in\Omega,\quad d(z)=\tau,\\
v_{\tau}^{+}(z)+C\geqslant u_{\infty}(z), & \forall z\in\Omega,\quad d(z)=\delta.
\end{cases}\tag{5.100}
$$

根据 (5.91) 我们得到当 $z\in\Omega_{\delta}/\overline{\Omega_{\tau}}$ 时,

$$
\begin{aligned}
\sigma_{k}[\partial_{i\bar{j}}(v_{\tau}^{+}(z)+C)]=\sigma_{k}[\partial_{i\bar{j}}(v_{\tau}^{+}(z))]&\leqslant g(z)f(v_{\tau}^{+}(z))\\
&\leqslant g(z)f(v_{\tau}^{+}(z)+C).
\end{aligned}\tag{5.101}
$$

由于 u_{∞} 是问题 (5.71) 的解, 根据文献 [126] 中 Hessian 方程的比较原理, 我们得

$$
v_{\tau}^{+}(z)+C\geqslant u_{\infty}(z),\quad \forall z\in\Omega_{\delta}/\overline{\Omega_{\tau}}.\tag{5.102}
$$

令 $C' = \xi^- \psi(\delta)$. 因此当 $z \in \Omega$ 时 $C' \geqslant v_\tau^-(z)$, 其中 $d(z) = \delta - \tau$, 则

$$u_\infty(z) + C' \geqslant v_\tau^-(z), \quad \forall z \in \partial\Omega_{\delta-\tau}. \tag{5.103}$$

我们发现, 当 $z \in \Omega_{\delta-\tau}$ 时,

$$\begin{aligned}\sigma_k[\partial_{i\bar{j}}(u_\infty(z) + C')] &= \sigma_k[\partial_{i\bar{j}}(u_\infty(z))] = g(z)f(u_\infty(z)) \\ &\leqslant g(z)f(u_\infty(z) + C'),\end{aligned} \tag{5.104}$$

然而根据 (5.91) 有

$$\sigma_k[\partial_{i\bar{j}} v_\tau^-(z)] \geqslant g(z)f(v_\tau^-(z)), \quad \forall z \in \Omega_{\delta-\tau}. \tag{5.105}$$

再次利用 Hessian 方程的比较原理, 得

$$u_\infty(z) + C' \geqslant v_\tau^-(z), \quad \forall z \in \Omega_{\delta-\tau}. \tag{5.106}$$

根据 (5.102) 和 (5.106), 令 $\tau \to 0$ 得

$$\begin{cases} (1+2\varepsilon)^{1/(k-q)}\xi^-\psi(d(z)) - C' \leqslant u_\infty(z), & \forall z \in \Omega_\delta, \\ u_\infty(z) \leqslant (1-2\varepsilon)^{1/(k-q)}\xi^+\psi(d(z)) + C, & \forall z \in \Omega_\delta. \end{cases} \tag{5.107}$$

除以 $\psi(d(z))$ 并令 $d(z) \to 0$, 得

$$\begin{cases} \liminf\limits_{d(z)\to 0} \dfrac{u_\infty(z)}{\psi(d(z))} \geqslant (1+2\varepsilon)^{1/(k-q)}\xi^-, \\ \limsup\limits_{d(z)\to 0} \dfrac{u_\infty(z)}{\psi(d(z))} \leqslant (1-2\varepsilon)^{1/(k-q)}\xi^+. \end{cases} \tag{5.108}$$

由于 $\varepsilon > 0$ 的任意性, 令 $\varepsilon \to 0$ 推得 (5.73).

参 考 文 献

[1] Agmon S, Douglis A, Nirenberg L. Estimates near the boundary for elliptic partial differential equations satisfying general boundary conditions, I. Comm. Pure. Appl. Math., 1959, 12: 623–727.

[2] Alexander H. Projective capacity in recent develepments in several complex varibles. Ann. of Math. Stud., 1981: 3–27.

[3] Alexander H, Taylor B A. Comparison of two capacities in $\mathbf{C}^n$. Math. Z., 1984, 186: 407–417.

[4] Aubin T. Equations du type Monge-Ampère sur les variétés kählériennes compactes. Bull. Sci. Math., 1978, 102: 63–95.

[5] Aubin T. Nonlinear Analysis on Manifolds. Monge-Ampère Equations. Grundlehren der Mathematical Wissenschaften 252, Springer Verlag, Berlin-Heidelberg-New-York, 1982.

[6] Bedford E. Survey of Pluripotential Thoery, Several Complex Variables (Stockholm 1987/1988) Mathematical Notes 38. Princeton: Princeton University Press, 1993: 48–97.

[7] Bedford E, Fornaess J E. Counterexample to regularity for the complex Monge-Ampère equation. Invent. Math., 1979, 50: 129–134.

[8] Bedford E, Taylor B A. The Dirichlet problem for the complex Monge-Ampère operator. Invent. Math., 1976, 37: 1–44.

[9] Bedford E, Taylor B A. Variational properties of the complex Monge-Ampère equation, Ⅰ: Dirichlet Principle. Duke Math. J., 1978, 45: 375–403.

[10] Bedford E, Taylor B A. Variational properties of the complex

Monge-Ampère equation, II: Dirichlet Principle. Amer. J. Math., 1979, 101: 1131–1166.

[11] Bedford E, Taylor B A. A new capacity for plurisubharmonic functions. Acta Math., 1982, 149: 1–40.

[12] Bedford E, Taylor B A. Uniqueness for the complex Monge-Ampère equation for functions of logarithmic growth. Indiana Univ. Math. J., 1989, 38: 455–469.

[13] Blocki Z. The complex Monge-Ampère operator in pluripotential theory. Lecture Notes.

[14] Blocki Z. Interior regularity of the complex monge-ampère equation in convex doamins. Duke Math. J., 2000, 105: 167–181.

[15] Blocki Z, Kolodziej S, Levenberg N. Extremal functions and equilibrium measures for Borel sets. Bull. Pol. Acad. Sci., 1997, 45: 291–296.

[16] Calabi E. On Kähler Manifolds with Vanishing Canonical Class, Algebraic Geometry and Topology, A Symposium in Honor of S. L efschetz. Princeton: Princeton University Press, 1955: 78–89.

[17] Calabi E. Improper affine hypershperes of convex type and a generalization of a theorem by K. Jörgens. Michigan Math. J., 1958, 5: 105–126.

[18] Cegrell U. Capacities in Complex Analysis. Vieweg: Aspects of Mathematics, 1998.

[19] Cegrell U. Pluricomplex Energy. Acta Math., 1998, 180: 187–217.

[20] Cegrell U. Discontinuité de l'opérateur de Monge-Ampère complexe. C. R. Acad. Sci. Paris Sér. I Math., 1983, 296: 869–971.

[21] Cegrell U. On the Dirichlet problem for the complex Monge-Ampère operator. Math. Z., 1984, 185: 247–251.

[22] Cegrell U, Kolodziej S. The Dirichlet problem for the complex Monge-Ampère operator: Perron classes and rotation invariant measures. Michigan Math. J., 1994, 41: 563–569.

[23] Cegrell U, Kolodziej S, Levenberg N. Two problems on potential theory for unbounded sets. Mathematica Scandinavica, 1998, 83(2): 265–276.

[24] Cegrell U, Persson L. The Dirichlet problem for the complex Monge-Ampère operator stability in L^2. Michigan Math. J., 1992, 39: 145–151.

[25] Cegrell U, Sadullaev A. Approximation of plurisubharmonic functions and the Dirichlet problem for the complex Monge-Ampère operator. Math. Scand., 1993, 71: 62–68.

[26] Caffarelli L, Nirenberg L, Spruck J. The Dirichlet problem for nonlinear second order elliptic equations, Ⅰ: Monge-Ampère equations. Comm. Pure and Appl. Math., 1984, 37: 369–402.

[27] Caffarelli L, Kohn J J, Nirenberg L, Spruck J. The Dirichlet problem for nonlinear second-order elliptic equations, Ⅱ: Complex Monge-Ampere and uniformly elliptic equations. Comm. Pure. Appl. Math., 1985, 38: 209–252.

[28] Caffarelli L, Nirenberg L, Spruck J. The Dirichlet problem for nonlinear second order elliptic equations, Ⅲ: Functions of the eigenvalues of the Hessian. Acta Math., 1985, 155: 261–301.

[29] Cîrstea F C, Rădulescu V. Uniqueness of the blow-up boundary so-

lution of logistic equations with absorption. C. R. Acad. Sci. Paris, Ser. I, 2002, 335: 447–452.

[30] Cîrstea F C, Rădulescu V. Existence and uniqueness of blow-up solutions for a class of logistic equations. Comm. Contemp. Math., 2002, 4: 559–586.

[31] Cîrstea F C, Rădulescu V. Nonlinear problems with boundary blow-up: a Karamata regular variation theory approach. Asymptot. Ana., 2006, 46: 275–298.

[32] Cîrstea F C, Trombetti C. On the Monge-Ampère equation with boundary blow-up: existence, uniqueness and saymptotics. Cal. Var. Partial Differential Equations, 2008, 31: 167–186.

[33] Chern S S, Levine H I, Nirenberg L. Intrinsic Norms on a Complex Manifold, in Global Analusis (Paper in Honour of K. Kodaira). Tokyo: Univ. Tokyo Press, 1969: 119–139.

[34] Cheng S Y, Yau S T. On the regularity of the solution of the n-dimensional Minkowski problem. Comm. Pure. Appl. Math., 1976, 19: 495–516.

[35] Cheng S Y, Yau S T. On the regularity of the Monge-Ampère equation $\det(\partial^2 u/\partial x_i \partial x_j) = F(x, u)$. Comm. Pure. Appl. Math., 1977, 30: 41–68.

[36] Cheng S Y, Yau S T. The real Monge-Ampère equation and affine flat stuctures. Proc. of the 1980 Beijing Symp. on Differential Geometry and Differential Equation, Ed. S.S. Chern, Wu Wen-Tsun, Science Press Beijing, 1982, Gordon and Breach, New York, 1982, Vol. I, 339–370.

[37] Cheng S Y, Yau S T. On the existence of a complete Kähler metric on noncompact complex manifolds and the regularity of Fefferman's equation. Comm. Pure. Appl. Math., 1980, 33: 507–544.

[38] Chou K S, Wang X. A variational theory of the Hessian equation. Comm. Pure. Appl. Math., 2001, 54: 1029–1064.

[39] Demailly J P. Potential theory in several complex variables. Lecture Notes, ICPAM, Nice, 1989.

[40] Demailly J P. Measures de Monge-Ampère et caractérisation géométrique des variétes algébraiques affines. Mem. Soc. Math. France (N.S.), 1985, 19: 1–124.

[41] Demailly J P. Monge-Ampère operators, Lelong numbers and intersection theory in Complex Analysis and Geometry. New York: Univ. Ser. Math. Plenum, 1993: 115–193.

[42] Demailly J P. Regularization of closed positive currents and intersection theory. J. Algebraic Geom., 1992, 1: 361–409.

[43] Demailly J P. Complex Analytic and Differential Geometry. Indiana Univ. Math. J., 2003.

[44] Derridj M. Sur lexistence et la règularitè de solutions radiales pour des équations de type Monge-Ampère. Math. Z., 1989, 200: 497–509.

[45] Gilbarg D, Trudinger N S. Elliptic Partial Differential Equations of Second Order. 2nd ed. Berlin, Heidelberg, New York, Tokyo: Springer-Verlag, 1983.

[46] Guan B. The Dirichlet problem for a class of fully nonlinear elliptic equations. Comm. Partial Differential Equations, 1994, 19: 339–

416.

[47] Guan B. The Dirichlet problem for complex Monge-Ampère equations and regularity of the Green's function. Comm. in Analysis and Geometry, 1998, 6: 687–703.

[48] Guan B, Jian H Y. The Monge-Ampère equation with infinite boundary value. Paci. J. Math., 2004, 216: 77–94.

[49] Guan B, Spruck J. Boundary value problem on S^n for surfaces of constant Gauss curvature. Ann. of Math., 1993, (3): 601–624.

[50] Guan B. Second oeder estimates and regularity for fully nonlinear elliptic equations on Riemannian manifolds. Duke Math. J., 2014, 163: 1491–1524.

[51] Guan P F, Ma X N. The Christoffel-Minkowski Problem Ⅰ: Convexity of Solutions of a Hessian equations. Invent. Math., 2003, (151): 553–577.

[52] Guan P F. The extremal function associated to intrinsic norms. Annals Math., 2002, 156: 197–211.

[53] Hayman W K, Kennedy P B. Subharmonic functions, Vol. 1. London Math. Society Monigraphs, No. 9. New York: Academic Press, 1976.

[54] Hörmander L. The Analysis of Linear Partial Differential Operators Ⅰ, Grundlehren der Mathematischen Wissenschaften. Berlin: Springer-Verlag, 1983.

[55] Hörmander L. Notions of Convexity. Boston: Birkhäuser Boston, 1994.

[56] Hoffman D, Rosenberg H, Spruck J. Boundary value problems for

surfaces of constant Gauss curvature. Comm. Pure Appl. Math., 1992, (8): 1051–1062.

[57] Ivarsson B. Interior regularity of solutions to a complex Monge-Ampère equation. Ark.Mat., 2002, 40: 275–300.

[58] Ivochkina N M. Description of cones of stability generated by differential operators of Monge-Ampère type. Mat. Sb., 1983, 122: 265–275.

[59] Jian H Y. Hessian equations with infinite Dirichlet boundary value. Indiana Univ. Math. J., 2006, 55: 1045–1062.

[60] Jiang F D, Trudinger N S, Yang X P. On the Dirichlet problem for a class of augmented Hessian equations. J. Differential Equations, 2015, 258: 1548–1576.

[61] Jiang F, Trudinger N S, Xiang N. On the Neumann problem for Monge-Ampère type equations, Cana. J. Math., 2016, Canadian Journal of Mathematics, 2016, 68(6): 1334–1361.

[62] Jiang F, Xian N, Xu J J. Gradient estimates for Neumann boundary value problem of Monge-Ampère type equations. Comm. Cont. Math., 2016.

[63] Keller J B. On solutions of $\Delta u = f(u)$. Comm. Pure. Appl. Math., 1957, 10: 503–510.

[64] Klimek M. Pluripotential Theory. New York: Oxford University Press, 1991.

[65] Kolodziej S. The range of the complex Monge-Ampère operator. Indiana Univ. Math. J., 1994, 43: 1321–1338.

[66] Kolodziej S. Some sufficient conditions for solvability of the Dirich-

let problem for the complex Monge-Ampère operator. Ann. Polon. Math., 1996, 65: 11–21.

[67] Kolodziej S. The range of the complex Monge-Ampère operator II. Indiana U. Math. J., 1995, 44: 765–782.

[68] Kolodziej S. The complex Monge-Ampère equation. Acta Math., 1998, 180: 69–117.

[69] Kolodziej S. A sufficient condition for solvability of the Dirichlet problem for the complex Monge-Ampère operator. Proc. of the International Conference on Several Complex Variables in Pohang, Contemporary Mathematiccs, 1998, 222: 241–243.

[70] Kolodziej S. Equicontinuity of families of plurisubharmonic functions with bounds on their Monge-Ampère masses. Math. Z., 2002, 240: 835–847.

[71] Kolodziej S. Stability of solutions to the complex Monge-Ampère equation on compact Kähler manifolds. Indiana Univ. Math. J., 2003, 52: 667–686.

[72] Krylov N V. Boundedly nonhomogeneous elliptic and parabolic equations. Izvestia. Math. Ser., 1982, 46: 487–523.

[73] Krylov N V. On degenerate nonlinear elliptic equations. Mat. Sbornik, 1983, 120: 311–330.

[74] Krylov N V. Boundary nonhomogenerous elliptic and parabolic equations in a domain. Izvestia Math. Ser., 1983, 47: 75–108.

[75] Lelong P. Plurisubharmonic functions and positive differential forms. New York: Gordon and Breach, 1969.

[76] Lempert P. La métrique de Kobayashi et la repreésentation des

domains sur la boule. Bull. Sci. Mat. France, 1981, 109: 427–474.

[77] Lempert P. Solving the degenerate Monge-Ampère equation with one concentrated singularity. Math. Ann., 1983, 263: 515–532.

[78] Lelong P, Gruman L. Entire Functions of Several Complex Variables. Berlin-Heidelberg-New-York-Tokyo: Springer-Verlag, 1985.

[79] Levenberg N. Monge-Ampère measures associated to extremal plurisubharminic functions in $\mathbf{C}^n$. Trans. Amer. Math. Soc., 1985, 289: 333–343.

[80] Lieberman G M. Oblique Boundary Value Problems for Elliptic Equations. Singapore World Scientific Publishing, 2013.

[81] Li S Y. On the Neumann problems for complex Monge-Ampère equations. Indiana Univ.Math.J., 1994, 43: 1099–1122.

[82] Li S Y. On the Dirichlet problem for symmetric function equations of the eigenvalues of the complex Hessian. Asian J.Math., 2004, 8: 87–106.

[83] Li S Y. On the existence and regularity of Dirichlet problem for complex Monge-Ampère equations on weakly pseudoconvex domains. Vari. Cal. P. D. E., 2004, 20: 119–132.

[84] Li S Y. On the oblique boundary value problems for Monge-Ampère equations. Pacific J. Math., 1999, (1): 155–172.

[85] Lions P L. Une methode nouvelle pour l'existence de solutions regulieres de l'équation de Monge-Ampère. C.R. Paris, 1981, 293: 589–592.

[86] Lions P L. Sur les èquations de Monge-Ampère, I. Manuscripta Math., 1983, 41: 1–43.

[87] Lions P L. Sur les èquations de Monge-Ampère, II. Arch. Rat. Mech. Anal., 1985, 89: 93–122.

[88] Lions P L, Trudinger N S. Linear oblique derivative problems for the uniformly elliptic Hamilton-Jacobi-Bellmann equation. Math. Zeit., 1986, 191(1): 1–15.

[89] Lions P L, Trudinger N S, Urbas J. The Neumann problem for equations of Monge-Ampère Type. Comm. Pure. Appl. Math., 1986, 39(4): 539–563.

[90] Matero J. The Bieberbach-Rademacher problem for the Monge-Ampere operator. Manuscripta Math., 1996, 91: 379–391.

[91] Monn D. Regularity of the complex Monge-Ampère equation for radialy symmetric functions of unit ball. Math. Ann., 1986, 275: 501–511.

[92] Ma X N, Xu J J. Gradient estimates of Hessian equations with Neumann boundary condition. 2016. To Appear.

[93] Nirenberg L. Monge-Ampère equations and some associated problems in geometry. Proc. Int. Congress of Mathematicaians, Vancouver, 1974: 275–279.

[94] Osserman R. On the inequality $\Delta u \geqslant f(u)$. Pacific J.Math., 1957, 7: 1641–1647.

[95] Persson L. On the Dirichlet Problem for the complex Monge-Ampère operator. Doctoral Thesis No 1, University of Umeȯ, 1992.

[96] Pogorelov A V. On a regular solution of the n-dimensional Minkowski problem. Soviet Math. Dokl., 1971, 12: 1192–1196.

[97] Pogorelov A V. On the regularity of generalized solutions of the

equation $\det(\partial^2 u/\partial x_i \partial x_j) = \phi(x_1, \cdots, x_n) > 0$. Soviet Math. Dokl., 1971, 12: 1436–1440.

[98] Pogorelov A V. The Dirichlet problem for the n-dimensional analogue of the Monge-Ampère equation. Soviet Math. Dokl., 1972, 12: 1727–1731.

[99] Pogorelov A V. The Minkowski Multi-dimensional Problem. New York: Wiley, 1978.

[100] Rainwater J. A note on the preceding paper. Duke Math. J., 1969, 36: 798–800.

[101] Richberg R. Stwtige streng pseudoconvex funktionen. Math. Ann., 1968, 175: 257–286.

[102] Salani P. Boundary blow-up problems for Hessian equations. Manuscripta Math., 1998, 96: 281–294.

[103] Siciak J. On some extremal functions and their applications in the theory of analytic functions of several complex variables. Trans. Amer. Math. Soc., 1962, 105: 322–357.

[104] Siciak J. Extremal plurisubharmonic functions in $\mathbf{C}^n$. Ann. Pol. Math., 1981, 39: 175–211.

[105] Simons L M, Spruck J. Existence and regularity of a capillary surface with prescribed contact angle. Arch. Ratianal Mech. Anal, 1976, 61: 19–34.

[106] Taylor B A. An estimate for an exremal plurisubharmonic function on $\mathbf{C}^n$. Séminaire P. Lelong (Analyse) 1981/83, Lecture Notes in Math., Springer-Verlag, Berlin-Heidelberg-New York, 1983, 1028: 318–328.

[107] Tian G. Canonical metrics in Kähler geometry. Lectures in Mathematics ETH Zürich, Birkhäuser Verlag, Basel, 2000: 71–78.

[108] Tsuji M. Potential Theory in Modern Function Theory. Tokyo: Marunzen, 1959.

[109] Tian G, Yau S T. Complex Kähler manifolds with zero Ricci curvature, I. J. Amer. Math. Soc., 1990, 3: 579–610.

[110] Tian G, Yau S T. Complex Kähler manifolds with zero Ricci curvature, II. Invent. Math., 1991, 106: 27–60.

[111] Trudinger N S. On the Dirichlet problem for Hessian equations. Acta Math., 1995, 175: 151–164.

[112] Trudinger N S. Weak solutions of Hessian equtaions. Comm. Partial Diff. Eqns., 1997, 22: 1251–1651.

[113] Trudinger N S, Wang X J. Hessian Measure II. Annals Math., 1990, 150: 597–604.

[114] Tso K. On a real Monge-Ampère functional. Invent. Math., 1990, 101: 425–449.

[115] Trudinger N S. On the Dirichlet problem for Hessian equations. Acta Math, 1995, 175: 151–164.

[116] Urbas J. On the existence of nonclassical solutions for two classes of fully nonlinear elliptic equations. India Univ. Math. J., 1990, 39: 355–382.

[117] Urbas J. Nonlinear oblique boundary value problems for Hessian equations in two dimensions. Ann. Inst. Henri Poincare-Analyse Non Linear, 1995, 12: 507–575.

[118] Urbas J. Oblique boundary value problems for equations of Monge-

Ampère type. Calc. Var., 1998, 7: 19–39.

[119] Urbas J. The second boundary value problem for a class of Hessian equations. Commun. in Partial Differential Equations, 2001, 26: 859–882.

[120] Vèron L. Semilinear elliptic equations with uniform blow-up on the boundary. J. Anal. Math., 1992, 59: 231–250.

[121] Wang X J. Oblique derivative problems for the equations of Monge-Ampère type. Chinese J. Contemp. Math., 1992, 13: 13–22.

[122] Wang X J. The k-Hessian Equation. Berlin: Springer, 2009.

[123] Xing Y. Continuity of the complex Monge-Ampère operator. Proc. Amer. Math. Soc., 1996, 124: 457–467.

[124] Xu J J. Gradient estimates for Neumann problem of mean curvature equation. University of Science and Technology of China, 2014.

[125] Xiang N, Yang Y P. The complex Monge-Ampere Equation with infinite Dirichlet boundary value. Nonlinear Analysis, 2008, 68: 1075–1081.

[126] Xiang N, Yang Y P. The complex Hessian equation with infinite Dirichlet boundary value. Proc. Amer. Math. Soc., 2008, 136: 2103–2111.

[127] Xiang N, Yang X P. Large solutions to complex Monge-Ampère equations: existence, uniqueness and asymptotical. Chinese Annals of Mathematics, Series B, 2011, 4: 569–580.

[128] Xiang N. Boundary asymptotical behavior of large solutions to

complex Hessian equations. Nonlinear Analysis, 2010, 12: 3940–3946.

[129] Yau S T. On the Ricci curvature of a complex Kähler manifold and the complex Monge-Ampère equation. Comm. Pure Appl. Math., 1978, 31: 339–411.

[130] 谭小江. 多复分析与复流形引论. 北京：北京大学出版社, 2010.

[131] 向妮, 石菊花, 吴燕. Hessian 型方程 Neumann 边值问题的梯度估计. 数学年刊. To Appear.

[132] 向妮, 王玉娥, 石菊花. 复 Monge-Ampère 方程 Neumann 边值问题解的梯度估计. 湖北大学学报, 2015, 37(1): 91–96.